Über Menschenaffen,
Tierseele und Menschenseele

Wilhelm Bölsche (1861- 1939) studierte Philosophie, Kunstgeschichte und Archäologie an der Universität Bonn. Er gilt als der Schöpfer des modernen Sachbuchs. In Dutzenden von Büchern und Bändchen popularisierte der Freidenker, Monist und Evolutionär das Wissen seiner Zeit.

Der Naturwissenschaftler Dipl.-Math. Klaus-Dieter Sedlacek, Jahrgang 1948, studierte in Stuttgart neben Mathematik und Informatik auch Physik. Nach fünfundzwanzig Jahren Berufspraxis in der eigenen Firma widmet er sich nun seinen privaten Forschungsvorhaben und veröffentlicht die Ergebnisse in allgemein verständlicher Form. Darüber hinaus ist er der Herausgeber mehrerer Buchreihen unter anderem der Reihen 'Wissenschaftliche Bibliothek' und 'Wissen gemeinverständlich'.

Wilhelm Bölsche et. al.

Über Menschenaffen, Tierseele und Menschenseele

Mit 8 Fotos illustriert

Neu bearbeitet vom Herausgeber
Klaus-Dieter Sedlacek

Wissen gemeinverständlich Bd. 16

Bibliografische Information Der Deutschen Bibliothek:
Die Deutsche Bibliothek verzeichnet diese Publikation
in der Deutschen Nationalbibliografie; detaillierte
bibliografische Daten sind im Internet über
http://dnb.ddb.de
abrufbar.

Neubearbeitung

..

Herstellung und Verlag: BoD – Books on Demand,
Norderstedt.
ISBN: 9783753490335

Inhaltsverzeichnis

Bei wildlebenden Gorillas erstmals 2005 fotografisch dokumentiert: Ein Gorilla-Weibchen durchquerte einen Tümpel, lotete zunächst die Wassertiefe mit einem Ast aus und stützte sich dann im brusthoch stehenden Wasser auf diesen Stock.

Instinkt oder Intelligenz?

Von Wilhelm Bölsche

Es sind jetzt viereinviertel Jahrhunderte her, da hatte ein großer Mann einen wunderlichen Gedanken.

Los des fortschreitenden Menschengeistes scheint es ja, dass er nicht neu denken kann, ohne dass der Geist des Alten zugleich noch einmal förmlich gespenstisch über ihn Macht gewinne. Jener Mann hatte, ohne es persönlich noch zu ahnen, der Menschheit eine neue Welt geschenkt. Meister Kolumbus befand sich damals, 1498, auf seiner dritten, vorletzten Fahrt, an der Küste von Venezuela. Wenn wir an den großen Genuesen denken, so erscheint er uns wohl als das Urbild des tapferen, wirklichkeitsfrohen Entdeckers. Aber er selber war ein bleicher Träumer, in dem alle Mystik seiner Zeit sich vereinigt zu haben schien. Er glaubte an das nahe Weltende mit Gottes Gericht, und um vorher noch die heiligen Orte, wo der Heiland gelebt und gelitten, aus der Hand der Heiden zu befreien, strebte er auf einem kürzesten Weg nach dem Gold Ostasiens. In jenen Tagen aber, als er im Orinokodelta vier vermeintlich gesonderte Ströme aus einem geheimnisvollen Riesenland vorbrechen sah, wähnte er sich vor dem fantastischsten Märchen seines märchenhaften Lebens angelangt: — er glaubte, das verlorene biblische Paradies mit seinen vier legendären Wassern leibhaftig auf Erden wiedergefunden zu haben.

Wir lächeln bei dem Gedanken

Das Paradies, wo der Löwe neben dem Lamm ruht, noch irgendwo auf der geografischen Karte! Vielleicht liegt es in unendlichen Fernen des Menschengeistes selbst, nach unermesslicher weiterer sittlicher Arbeit, wer weiß? Jene Orinokowildnis, wie sie uns später Humboldt so meisterhaft geschildert hat, war gewiss ein reizvolles Stück Erde, aber kein Paradies, und wer wollte sagen, dass das ganze Amerika bis heute eines gewesen ist.

Und doch hier eine merkwürdige Tatsache. In einem ganzen neuzeitlichen Forschungszweig unseres hellen, verstandesscharfen 20. Jahrhunderts scheint noch einmal eine solche Paradiesfrage aufgelebt. Davon will ich erzählen.

Man könnte wohl einen Augenblick überlegen, was Kolumbus selber sich bei solchem noch fortdauernden Paradies gedacht hat. Er ging natürlich von der schönen Legende im genauen Wortverstand aus - als Lohn seiner Zeit, und diese Zeit ist ja für manche auch jetzt noch nicht ganz verklungen. Schlagen wir diese Legende aber heute als schlichtes Weltkind auf (es geschieht von Weltkindern nicht mehr allzu oft), so handelt sie eigentlich gar nicht vom Löwen und Lamm, die sich vertragen, sondern läuft im Kerngedanken etwa so. Ein gewisses Urprinzip (lassen wir Namen fort) hat, nachdem es die Erde in den

Raum gestellt, auf ihr nach und nach Pflanzen und Tiere hervorgebracht. Diese Lebewesen stehen zunächst auch noch unter seiner unmittelbaren Führung. Sie wissen, auch soweit sie bereits ein Geistiges enthalten, nicht von gut und böse, folgen blind einem gegebenen Gesetz, das sie am Gängelband hält. Es ist nicht gesagt, dass die Tiere nicht geliebt hätten, gefressen hätten, gestorben wären — aber sie tun es ohne Verantwortung und Selbstdenken, in einem glücklichen Schlaf, das Prinzip handelt zweckmäßig für sie mit, und darin liegt ihr paradiesischer Unschuldsstandpunkt. Nun aber in diese Welt wird eines Tages der Mensch gestellt, auch er ist zunächst im Paradiesgesetz, dann aber reißt er sich los, bricht das blinde Gängelband, macht sich gleichsam selber zu einem Stück Urprinzip, kommt zu Erkenntniswahl, Verstand. Das ist der Kern, der Rest ist anmutiges orientalisches Märchen. Was aber könnte es nun besagen: Jenes Paradies bestehe noch irgendwo fort? Doch wohl nur, dass noch heute irgendwo Tiere und Pflanzen so weiter hindämmerten, während der Mensch heraus ist.

Wenn wir aber schon so weit gehen, ließe sich dem Geist des alten Seefahrers, wenn er noch einmal spukte, vielleicht Vorhalten: ob es eigentlich nötig wäre, für dieses Paradies noch einen besonderen Ort zu suchen? Ist es nicht überall, wo überhaupt noch Tiere weiter leben? War das Paradies nicht von Anfang an der große Erdengarten selbst? Aus ihm hat sich der Mensch eines Tages trotzig losgemacht zu Lust und Leid seines bekannten Weges. Das Tier, das niedere

Lebewesen, aber lebt noch immer brav in ihm fort wie vor grauer Zeit. Also mit anderem Wort: das Paradies wäre nicht an der Orinokomündung oder auf dem Himalaja oder dem Südpol, sondern neben uns, um uns — bloß mit dem, sagen wir, historischen Riss zu uns ...

Ich liege im Wald und folge dem kleinen, so unendlich anziehenden Treiben von Ameisen. Dem Gewimmel ihres Baues, der rastlosen Arbeit, bei der alles wie die unsagbar kunstvollen Rädchen einer Feinmaschine ineinander klappt. Sehe das Völklein wandern, Weg finden, sich bekriegen, friedliche Viehzucht mit Blattläusen treiben, sich zu Genossen mit seiner seltsamen Fühlersprache unterhalten, kurz in seiner Weise eine ganze Art „Kultur" haben, beobachte, wie es liebt, sich fortpflanzt, neue Staaten gründet, endlich sein allgemeines Erdenlos erfüllt, stirbt, der Erde seinen Staub zurückgibt. Lebt diese glückliche Ameise also noch jetzt im Bann des Paradieses, wo der Zweck den Wesen in den Schoß fiel und gegen das sie sich niemals aufgelehnt hat? Während ich, der Mensch der Freiheit meines Gedankens, für immer aus diesem Paradies verstoßen bin?

Ich weiß nicht, ob Kolumbus selbst ganz geneigt gewesen wäre, so mit mir zu denken, vielleicht hätte er doch den äußeren Goldschimmer des Märchens finden wollen, und dann musste es bei seinen Krokodilen und Moskitos bleiben wie bei jedem, der das Märchen wörtlich nimmt. Aber das weiß ich, dass mein Gedankengang noch heute hineinführt in eine erste und brennendste Frage der ganzen gegenwärtigen wissenschaftlichen Tierseelenkunde.

Es ist für sie der große Gegensatz von blind abhängigem Instinkt und wählender Intelligenz, der da auftaucht.

Auch die Tierseelenkunde (Tierpsychologie, von Psyche, dem geflügelten Seelchen der Griechenwelt) ist heute eine Wissenschaft. Und sie fragt, ohne tiefere religiöse Bedürfnisse mutwillig anzugreifen, doch als solche nicht nach den vergänglichen Möglichkeiten alter Texte. Anstelle des Schöpferworts setzt auch sie unbefangen ein naturgesetzliches Werden, sieht statt Tagen ungeheure Zeiträume, glaubt an den Menschen aus mancherlei zunächst guten Gründen ihrer Nachbarwissenschaften als einen Spross des Tierreichs selbst. Aber indem sie ebenso unbefangen den Geist dieses Menschen etwa mit dem Geist solcher Ameise vergleichen soll, wie das ihre engere Aufgabe ist, sieht sie sich tatsächlich noch immer vor dem Paradiesgegensatz. Ist auch diese Ameise neben uns eigentlich ein kleiner, nur etwas verkappter Mensch mit wühlendem Verstand wie wir? Oder hängt sie seelisch wirklich noch an einem besonderen Urgängelband bis heute? Ist sie „paradiesisch" gebaut oder bereits jenseits des „Baumes der Erkenntnis"? Hat sie bloß Instinkt oder auch schon Intelligenz …?

Einen Augenblick könnte da noch eine Zwischenfrage kreuzen. „Tierseelenkunde"? Ja, lässt denn wissenschaftliche Betrachtung von heute bei dem Tier überhaupt noch etwas „Geistiges" zu? Nun, ich denke doch, obwohl es einige Tierforscher gibt, die unter Tierseelenkunde tatsächlich die Wissenschaft von der nicht vorhandenen Seele des Tieres verstehen möchten.

Dass es in der Natur geistige Vorgänge gibt, wissen wir von uns selbst. Mindestens weiß es jeder von sich. Dass aber auch unsere Mitmenschen geistigen Inhalt besitzen, folgere ich aus einem sehr naheliegenden Vergleichsschluss. Muss ich folgern. Beim Tier, wo die unmittelbar berichtende Sprache zu uns fehlt, wird der Schluss schwieriger, aber keineswegs unmöglich. Bereits bei uns Menschen sehen wir (ich will mich sehr vorsichtig ausdrücken) das Geistige irgendwie „assoziiert", in Bezug gesetzt mit dem Zentralnervensystem, hauptsächlich dem Gehirn. Solches Gehirn geht aber in durchaus vergleichbarer Gestalt noch weit hinab in die Tierwelt selbst. Das Hirn des Affen ist im ganzen Grundbau noch Menschenhirn. Gleiche Lebenseinheiten, sog. Zellen, bauen beide auf. Solcher Zellen setzen unsern ganzen reifen Menschenleib etwa grob gerechnet 200 Billionen zusammen. Nach einer Angabe von Ziegler führt der Orang-Utan in seiner Hirnrinde eine Milliarde Zellen, der Mensch zehn Milliarden. Man empfindet die Überlegenheit des Menschen, aber auch den nur gradweisen Abstand. Auch die Ameise hat aber noch im Verhältnis ihrer Größe ein durchaus ansehnliches Gehirn, wobei Unterschiede der verschieden in Anspruch genommenen Staatsbürger im Ameisenvolk sich offensichtlich auch in der Gehirnmasse kennzeichnen: Die unendlich regsamere Arbeiterin hat viel mehr als das einseitige Liebesmännchen. Bei den noch tiefer stehenden Tieren bis zu den untersten hinab geht das Nervensystem dann offensichtlich immer mehr in die ganze Körpersubstanz ein gleich allen anderen Organen, ohne dass das doch an sich ein Beweis gegen entsprechend verallgemeinertes einfachstes Empfindungsvermögen bis in die letzte Zelle sein könnte.

Im Grunde sollten das für den etwas philosophisch gebildeten Urteiler ziemliche Binsenwahrheiten sein. Und wenn einzelne Tierseelenforscher neuerer Zeit hier etwas überängstlich geworden sind, so geschah es bei den besten wohl nur, weil wieder von anderer Seite zu wüst mit dem Geistigen ins Körperliche hinein gewirtschaftet worden war.

Die „Seele" darf natürlich nicht als Pferd vor die Maschine gespannt werden. Empfindung, also etwas Geistiges, kann nie selber zu einer Bewegung im physikalischen Sinne werden, der geistige Empfindungswert einer Farbe, wie Rot oder Blau, nicht in die Lichtwellenrechnung der Physik eingeschaltet werden. In diesem Sinne (gewiss) gibt es tatsächlich keinen „psychischen Faktor" noch einmal in der als solche scharf abgegrenzten Physik des Gehirns.

Aber es gibt deshalb doch das Geistige selbst, und es gibt auch eine organische Analogie zu ihm, die es durch die ganze Lebenswelt bis zur untersten Zelle andeutet. Und es ist ebenso eine Binsenwahrheit, dass wir auch das Wort Tierseele ruhig weiter gebrauchen dürfen, weil wir irgendetwas haben müssen, das eben auch das Geistige mit umfasst — ohne dass deshalb gesagt wäre, dass wir auch jene Verwirrungen mitmachen müssten.

Der Unterschied gegen das Tier liegt auch nicht im Bewusstsein. Im Sinne schlichtesten gesunden Menschenverstandes setzt auch der allereinfachste Empfindungsvorgang bereits ein empfindendes Ich voraus, und das ist Bewusstsein — wenn auch natürlich noch nicht ohne Weiteres begrifflich über sich selbst und die Welt Nachdenkendes.

Und vollends braucht für die Anerkennung einer Tierseele nicht das letzte philosophische Rätsel des Geistigen überhaupt gelöst zu werden. Es ist uns im Menschen nicht gelöst und braucht's also auch im Tier nicht zu sein.

Was sich aber fragt, und damit komme ich wieder auf meinen Ausgangspunkt, ist, was sich gewohnheitsmäßig nun in dieser Tierseele abspielt: Bloß Führung oder auch Erkenntnis? Ein Geistiges kann von sich aus beidem unterliegen: Blinder Triebgewalt und zweckbewusster Vernünftigkeit, was tut also das Tier?

In der alten Paradiesgeschichte selbst kommt die trotzige Wahl des Menschen bekanntlich ziemlich schlecht weg, sie wird als Schuld gebrandmarkt. Je mehr dagegen nachher die, ich möchte wohl sagen, Freude an seinem eigenen Verstand im Menschen gereift war, desto stärker hat sich auch da eine Gegenströmung geltend gemacht: Den geschichtlichen Erkenntnisakt als etwas sehr Hübsches zu nehmen und deshalb auch dem Tier, mindestens dem menschennächsten und menschenliebsten, womöglich ein Stückchen Anteil daran schon zu gönnen. Der alte Schopenhauer, der, wenn er am Fenster saß, bisweilen seinem Pudel zum verwechseln glich und jedenfalls für diesen Pudel mehr übrig hatte als für seine meisten Mitmenschen, hat gelegentlich gesagt: „Den Verstand der oberen Tiere wird keiner, dem es nicht selber daran gebricht, in Zweifel ziehen." Inzwischen muss man aber doch (und das ist jetzt der eine wahre Grundpfeiler aller wissenschaftlichen Tierseelenkunde) diesem allzu raschen Vorgehen zunächst etwas die Zügel anziehen. Ich erzähle eine kleine Tiergeschichte dazu, die ganz und gar nicht „paradiesisch" aussieht und es doch ist.

Es gibt bei uns gewisse einzeln lebende, äußerlich hummelähnliche Bienen, die sog. Pelz- oder Schnauzenbienen (Anthophora). Ihre Weibchen bauen Kämmerchen in Lehmwände ein, deponieren darin ein süßes Honigbrot, dazu ihr Ei, und verschließen dann sorgsam wieder, damit das Ei ungestört reife und die auskriechende Larve von der Süßigkeit zehre. Darauf spekuliert ein kleines Käferlein, der Bienenkäfer (Sitaris muralis), der seine eigenen gefräßigen Lärvchen gern in solches gemachte Nest hineinschmuggeln möchte. Also setzt er solche schwarzen Teufelchen seiner Brut vor die Winterherbergen der Schnauzenbienen ab. Schwärmt das Bienenvolk im Frühjahr zu frischer Nestgründung aus, so springen die Käferlärvchen ihnen in den Pelz und reiten unbemerkt wie Flöhe auf ihnen mit, springen ebenso im rechten Augenblick wieder ab und lassen sich mit in die Proviantkammer einschließen, wo ihnen Ei und Honigschnitte zur Beute werden. Aber die ersten ausschwärmenden Bienen sind stets Männchen. Solche bauen keine Brutzellen, was macht also das verkehrt aufgesprungene Lärvchen? Es wartet (nach gangbarer Annahme), bis die männliche Biene sich mit einer weiblichen begattet, und diesen nur einmaligen Hochzeitsaugenblick benutzt es, um auf das richtige Reitpferd nochmals überzuspringen.

Sieht das nicht, so erzählt, nach einer geradezu fabelhaften Verstandesleistung aus?

Ich wähle noch ein Beispiel aus vielen. Die Krebse, obwohl systematisch noch unterhalb der Insekten stehend, sind seit alters wegen ihrer „Pfiffigkeit" besagt. Bei solchen Krebsen finden sich höchst eigenartige Organe des Gleichgewichts, sog. Balanceorgane Sie ermöglichen dem schwimmenden Tier, sich jederzeit richtig nach oben und unten einzustellen. Im Grundschema sind es kleine Bläschen oder Täschchen, die bei den zehnfüßigen Krebsen an den Fühlern sitzen und sich nach außen durch einen Spalt öffnen. Im Innern aber schwebt ein festes Körperchen auf einem Kranz feiner Tasthaare, der Statolith. Er stellt sich stets senkrecht zur Erdschwere ein, und daran tasten die Härchen wie an einer Art Gravitationskompass die richtige Lage ab. Wehe dem Krebs, der sein Balancesteinchen verloren hat! Solcher leidige Fall tritt aber jedes Mal ein, wenn der Krebs sich häutet. Was tut nun der „pfiffige" Krebs? Er nimmt mit den Scheren kleine wirkliche Sandkörnchen vom Boden auf und stopft sie sich selber in sein leeres Gehäuse ein, wo sie wieder zu größerem Stein verkleben und bis zur nächsten Häutung Bienen. Man hat gelegentlich eine hübsche Probe auf diese geniale Selbsthilfe gemacht. Garneelenkrebse wurden im Aquarium nach der Häutung statt auf Sand auf feinen Eisenstaub gesetzt. In Ermangelung des Sandes stopften sie sich Eisenteilchen in ihren Kompass. Als man ihnen jetzt mit einem Magneten nahekam, stellten sich die Eisenstäubchen auf ihn ein, und prompt drehte auch der Krebs mit dem Bauch gegen den Magneten zu, als sei dort das richtige „Unten" der Gravitation.

Man würde doch wieder auf ausgesparten persönlichen Verstand des einzelnen Krebses raten, der genau, scheint es, um die Nützlichkeit seines Organs weiß und es sozusagen wieder aufzieht, ja mit einem neuen Zeiger versieht, wenn der alte in Verlust geraten ist.

Beide Beispiele gehen anscheinend nach der gleichen Seite. Tiere handeln darin ausgesprochen zweckmäßig, und was kann näherliegen, als der Vergleich mit sorgsam überlegten Handlungen eines Menschen, etwa eines Diebes, der eine Einbruchsgelegenheit schlau abpasst, indem er sich mit einschließen lässt, oder eines Reisenden, der sich selbst ein zerbrochenes Instrument repariert — Handlungen, bei denen nie jemand auf den Gedanken verfallen würde, dass sie nicht mit Vorbedacht durchgeführt seien.

Und doch legt der Forscher sein Veto ein.

Grade hier wie in ungezählten ähnlichen Beispielen tritt uns sinnfällig das entgegen, was ich oben „paradiesische Führung" genannt habe.

Diese Tiere in all den Fällen vollführen das Zweckmäßige durchaus in einem unpersönlichen Zwang, der sie geistig so unabänderlich folgen lässt, wie der kleine Statolith ihres Organs selber der Gravitation folgen muss. Diese ganzen wunderbaren Taten werden von den Einzeltieren keineswegs jedes Mal neu erdacht, vielmehr werden sie von ausnahmslos allen normalen Individuen ihrer Art immer wieder genau nach demselben Faden durchgeführt. In jedem Jahr übt jedes Geschlecht dieser kleinen Bienenkäfer an jedem Ort, soweit solche Käfer vorkommen, in der gleichen Reihenfolge die gleiche List, reparieren tausend und tausend neue Garnelen immer wieder mit dem gleichen Griff ihren zerbrochenen Schwerekompass. Wie ihre Organe selbst sich anlegen, das Ei des Käfers die Larve hervorbringt, der Panzer des Krebses sich zu seiner Zeit erzeugt und zu anderer der Häutung verfällt so setzt auch unabänderlich im richtigen Augenblick die geistige Initiative ein, die jenes schwarze Lärvchen an seinen geeigneten Fleck in der Pelzbienenzelle lenkt und den Krebs zur Reparatur schreiten lässt. Und die zweckmäßigen Handlungen werden von all diesen ungezählten Individuen auch nicht erst persönlich erlernt, sondern die Kenntnis dazu ist ihnen bereits angeboren. Mit Leichtigkeit ist der Beweis auch dafür zu führen.

Junge Vögelchen haben öfter die Gewohnheit, bereits innerhalb der Eischale vernehmlich zu piepen. Teichhühnchen tun das laut Morgan schon 48, Enten 24 Stunden vor dem Ausschlüpfen. Wenn aber das schon ausgeschlüpfte freie Junge piept und die Mutter lässt wegen einer nahen Gefahr einen Warnruf ertönen, so verstummt das Piepen hier sofort. Man könnte denken, das bereits frei herumlaufende Junge habe in diesem Fall das Warnsignal der Alten erlernt. Indessen auch das noch von der Schale umschlossene Vögelchen schweigt auf den Angstlaut der Mutter und hält so lange mit seinem inneren Spektakeln inne, bis ein veränderter Ton des alten Vogels andeutet, dass die Gefahr vorüber sei. Man sieht auf den ersten Blick, dass die Kenntnis der mütterlichen Signale dem Eiküken bereits angeboren sein muss!

Dem entsprechen andere Beispiele die Menge, wo Tiere geistig auf Dinge losarbeiten, ebenfalls höchst zweckmäßig losarbeiten, die sie unmöglich aus eigener Erfahrung überschauen können, weil ihr Zweck erst in ferner Zukunft bei ganz anderen, nie in ihren eigenen Gesichtskreis fallenden Verhältnissen realisiert wird.

Die Raupe unseres schönen kleinen Nachtpfauenauges (Futurum pavonia) spinnt aus langem Seidenfaden ihren Puppenkokon — damit aber der ausschlüpfende Schmetterling später diese schützende Seidenkapsel bequem passieren kann, spart sie vorne eine Öffnung darin aus. Wieder doch, dass nicht durch diese offene Pforte vorher fremde Räuber ein-

steigen, die ihn in der Puppe schädigen könnte», baut
sie aus ihrer Seide in das Loch eine Art Fischreuse
von steifen Borsten ein, die jederzeit von innen glatt
auseinandergebogen werden kann, während sie nach
außen mit geschlossenen Spitzen unnahbar starrt. Mit
Recht ist die Frage gestellt worden: Was kann die
Raupe wissen von den künftigen Feinden ihres
Schmetterlings? Bei unserem allbekannten Hirschkä-
fer (Buounus oorvus), dessen Männchen, ebenso bekannt, allein die ungeheuren geweihhaften Kiefern
führt, lebt die Larve mehrere Jahre tief verborgen im
faulen Holz — wenn sie sich aber verpuppen soll und
dazu riesige Erdbällen als Wiege fügt, so baut sie für
das Männchen einen weit größeren Kasten, damit es
bequem darin auskriechen und zunächst noch im Innern seine großen Zangen härten kann, während für
das Weibchen nur eine weit kleinere Wiege vorgese-
hen wird. Die Larve hat doch selbst nie die Maße eines erwachsenen männlichen oder weiblichen Hirsch-
käfers genommen, und bereits der treffliche Kleinma-
ler der Natur, Roesel von Rosenhof im 18. Jahrhundert, erwog staunend dieses „Wunder", bei dem der
Verstand des Tieres, wenn alles durch ihn laufen sollte, mystisches Hellsehen besessen haben müsste.

Schließlich tauchen aber auch unter den rein technischen Leistungen dieser Art Gipfel auf, die Kopf-
schütteln erregen.

Ein kleines schwarzes Rüsselkäferchen unserer Bir-
ken, der Trichterwickler (Rhynchites betulae), rollt fri-
sche Blätter dort noch am Ast zu geschlossenen lan-

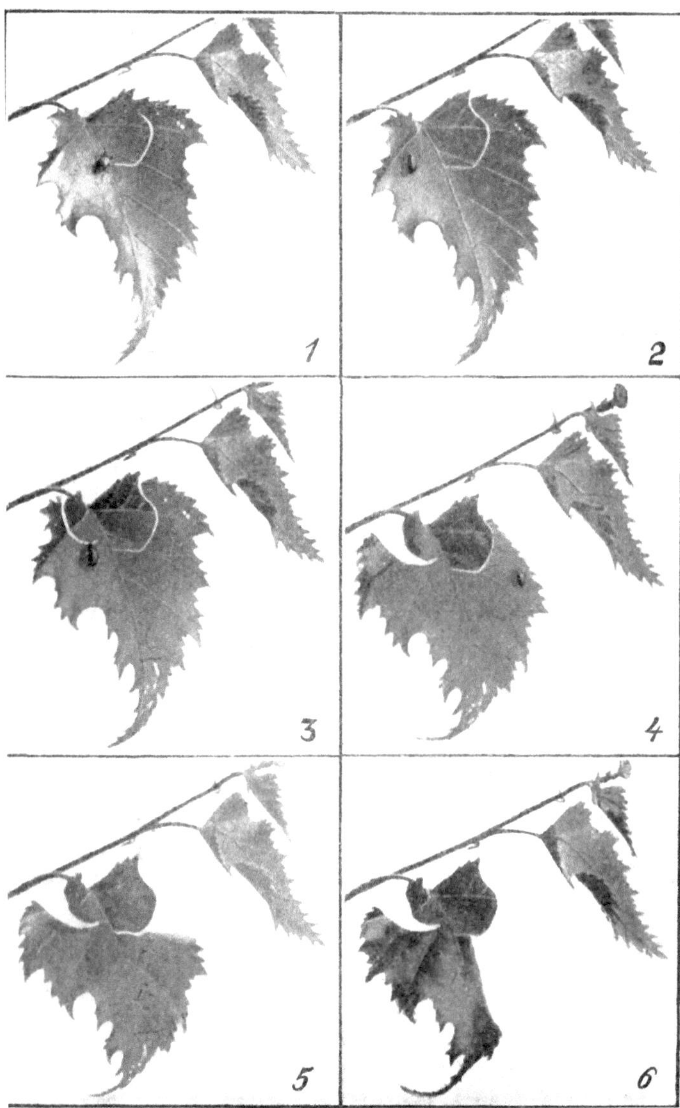

Abb. 1: Blattrollender Rüsselkäfer bei der Arbeit 1 bis 6

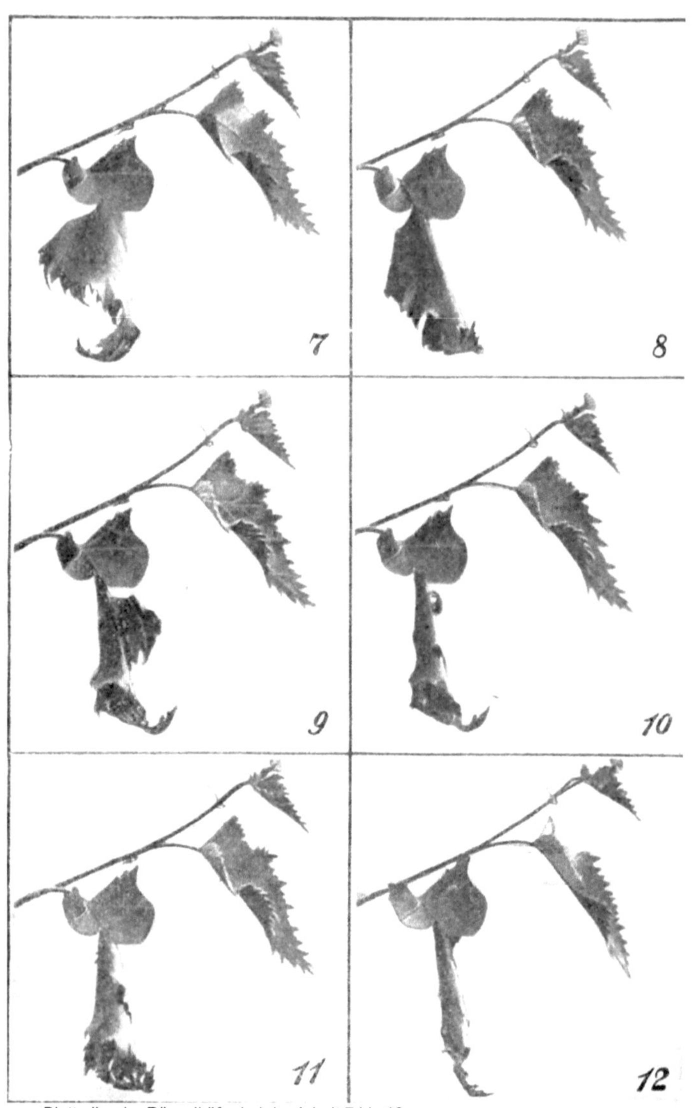

Blattrollender Rüsselkäfer bei der Arbeit 7 bis 12

22

gen Tüten ein, in denen er seine Eier birgt. Indem er die eine Blattspreite dabei bis zur Mittelrippe rollt und die andere als Mantel darum wickelt, leistet er Arbeit wie ein Mensch mit einem ganzen Hausdach. Um sie möglichst bequem und doch im Erfolg dauerhaft zu machen, scheint er aber unter die Mathematiker gegangen zu sein. Er rollt nicht die ganzen natürlichen Blattspreiten, sondern lappt durch einen regelmäßigen Kurvenschnitt vom Band zur Rippe aus jeder nur ein größeres Teilstück dazu ab. Die Kurve aber setzt er so genau im Verhältnis zum Blattrand, dass stets die mathematisch leichteste und doch wirksamste Rollung der Fläche gegeben ist. Es gibt nur eine solche Verhältnislinie, die genau die beste Lösung enthält. Unsere Geometrie kennzeichnet sie als das Verhältnis der Abwicklungslinie oder Evolvente zu ihrer Grundkurve oder Evolute. Erst 1683 hat Huygens den betreffenden Satz entdeckt und in unsere menschliche Mathematik eingeführt. Die kleinen Birkenkünstler aber müssten ihn seit grauen Tagen gekannt haben, müssten immer wieder den richtigen Evolutenschnitt aus der gegebenen Evolvente des Blattrandes errechnet haben. Das dürfte doch auch dem kühnsten Verfechter von Käferverstand etwas zu viel werden.

Man hat die Kraft gerade dieses Beispiels in neuerer Zeit gelegentlich beanstanden wollen. Das Lappen des Blattes ausgespart mit diesem Kurvensystem sei ein Zufall, entsprechend dem auch sonst vorkommenden Insektenbrauch, Kreisstücke aus Blättern zu schneiden. Und die Heranziehung der höheren Mathematik sei pure Klügelei und Spielerei.

Ich kann den Einwurf doch objektiv nicht für berechtigt halten. Schon die Ausführung der Doppeltüte selbst stellt eine ganze Kette der objektiv denkbar sinnvollsten Einzelhandlungen dar, die alle aufs schärfste ineinandergreifen. Ehe die doppelte Rollung der beiden Blattspreiten beginnt, wird der Saftfluss in der Mittelrippe durch eine kleine nicht ganz trennende Kerbe vom Käfer herabgesetzt. Die Rolle selbst bleibt zunächst offen, damit der Käfer ganz noch einmal hineinkriechen und seine Eier in wieder besonders ausgenagte Taschen dort ablegen kann — dann erst wird der höchst kunstvolle Verschlussknick der Tüte nachgeholt. Die rasch auskriechenden Larven leben anfangs noch von dem frischen Blatt, um später mit dem trocken abfallenden an den Boden zu gelangen, wo sie sich verpuppen. Die gesamte Arbeit des mütterlichen Käfers aber dauert nur einige Stunden, das Aufrollen der ersten Spreite oft kaum eine Minute, Beweis, wie treffsicher aufs geradeste Verhältnis alles wirklich klappen muss. Gewiss schneiden auch andere Insekten in Blätter ein, und auch eng verwandte Rüsslerarten lappen und rollen Blatteile. Aber nur dieser kleine schwarze Techniker trifft gewohnheitsmäßig die mathematisch unbedingt beste Schnittkurve. Und auch dabei schneidet er nicht, wie wenn's bloß eine belanglose Laune wäre, rechts und links gleich, sondern er führt zuerst in der einen Spreite seine höchst charakteristisch doppelt geschwungene Grundkurve nach dem besagten Ver-

24

hältnis zum Blattrand durch, um dann in der andern Spreite, die den oberen Wickel geben soll, einen etwas veränderten, davon abhängigen Schnitt zu setzen. Grade dieser Gegensatz beweist wohl am schlagendsten, dass hier wenigstens heute kein Zufall waltet, sondern bis ins kleinste die sichtbare Beziehung auf den Zweck. Aber je schöner und mathematisch reiner die Dinge werden, desto deutlicher muss auch erhellen, dass es sich nicht um Verstandesarbeit des Käfers selbst handeln kann.

Die Beispiele gelten, wie gesagt, für viele. Die meisten „Wunder" des tierischen Liebeslebens, die Bände füllen, gehören hierher. Fast alle jene nie genug bestaunten Staatseinrichtungen der Bienen, Ameisen, Termiten nicht minder. Die berühmtesten „Symbiosen" schließen an, die Paradebeispiele der Handlungen zu Schutz und Mimikry. Aber auch was das schlichte Bauernvolk, was der begeisterte Jäger, die liebevolle Tierfreundin vom „denkenden Tier" in ehrlichstem Glauben zu berichten wissen, was in tausend Anekdoten sich dazu durch die Weltliteratur zieht und periodisch die stillen Winkel unserer Zeitungen füllt — das ist fast ausnahmslos aus diesem Gebiet geschöpft. Seit nicht nur der Paradiesgedanke selbst, sondern auch die ernste Forschung sich darüber klar wurde, hat man ein scharf bezeichnendes besonderes Wort dafür gesucht, und man fand es in „Instinkt". Instinkt, das ist ein der Tierseele eingeborener Zwang, der nicht aus den gewöhnlichen geistigen Fähigkeiten und Erfahrungen des betreffenden Einzeltiers abgeleitet werden kann.

In allen jenen zahllos wie Sand am Meer sich häufenden Fällen sind die Tiere nur Marionetten dieses Instinkts. Sie haben das Stück nicht erfunden, nicht erlernt, das sie spielen, es wird ihnen souffliert. Wer aber, so muss die nächste Frage jetzt lauten, ist der große Hexenmeister, der die Puppen tanzen lässt?

Es liegt nahe, wenn man die Entwicklung des menschlichen Geisteslebens und seiner Wissenschaften in den älteren Jahrhunderten überblickt, dass eine gewisse Antwort auch hier zunächst an den biblischen Bericht als solchen anknüpfen musste. Der große Unbekannte war wohl der liebe Gott selbst. Er hatte einst alle Tiere geschaffen, sie waren brav in seiner Hut geblieben — so dachte er wohl noch heute für sie mit, spielte auf ihrem selber nach wie vor unmündigen Gehirn nützliche und irgendwie in Gottes Plan einstimmende Instinkte. Der Vogel wanderte, liebte, sang, baute das Nestlein: Oben aber saß der große Vogelvormund und hatte ihn immerzu am festen Draht, als sei er schon zu Lebzeiten ausgestopft. Man darf nicht vergessen, dass bis in den Ausgang des Mittelalters Naturforschung und Theologie zusammenfielen. Bereits der große philosophische Heide Aristoteles hatte aber das viel zu schwache eigene kleine Vogelhirn an die große kosmische Weltvernunft angeschlossen, von ihm übernahm den göttlichen Instinktanschluss in der mittelalterlichen Scholastik der gewaltige Thomas von Aquino, und mit dem noch gewaltigeren Cartesius kam er nochmals entscheidend in die erste nachmittelalterliche Philosophie zurück. Die Tiere bloß Automaten Gottes! All ihr Verstand

26

ausschließlich nur eingeblasener Instinkt' im Instinkt aber unmittelbar Gottes Vernunft. Wo heute noch scholastisches Erbe sich als Instanz der Zoologie gibt, da hat sich auch diese durch ihre Einfachheit immer wieder verblüffende Antwort erhalten. Der Vogelkenner Altum, der kein übler Beobachter war, hat sie noch in den letzten neunziger Jahren des 19. Jahrhunderts bis aufs letzte Pünktchen so vertreten. Und der Jesuitenpater Wasmann, der auf seinem Einzelgebiet der Ameisenkunde ein zweifellos ganz ausgezeichneter Forscher war, vertritt sie Anfang des 20. Jahrhunderts noch, sogar mit einem allerdings sehr verdünnten Zuschuss Entwicklungslehre.

Ihre schwache Seite aber ist, dass sie gar keine Erklärung ist.

Ich habe hier nicht den Gottesbegriff an sich zu untersuchen, das ist eine ganz außerhalb meines Stoffes liegende Frage — aber nehmen wir ihn im Sinne, den Goethe verehrte und dem selbst Darwin nahe stand, als den letzten Inbegriff alles physischen wie sittlichen Geschehens, so kann doch, meine ich, kein Zweifel sein, dass er ein viel zu weites Wort ist, um es bei einer so ganz fest umrissenen fachwissenschaftlichen Einzelfrage vorzuspannen. Es würde dem mathematischen und astronomischen Ausbau etwa der Gravitationslehre seit Newton wenig genützt haben, allgemein zu sagen: Auch die Planetenbahnen laufen in Gottes Hand.

Wir wollen unbeschadet aller letzten Weltanschauungswerte im Sinne neuzeitlicher Forschungsaufgaben tiefer hineinsehen lernen in die einzelnen naturgesetzlichen Zusammenhänge — das nennen wir Erklären, und solchen Zusammenhang suchen wir auch für die ganz bestimmte tierseelenkundliche Frage des Instinkts.

Und so hat man denn mit dem langsamen Sinken des theologischen Einflusses für diese Ferngebiete allmählich anderen, wirklich mehr wissenschaftlichen Deutungen sich zugewandt, zunächst natürlich auch nur als Versuch. Aus dem Zuge „schwankender Gestalten“ heben sich seit nun auch schon wieder geraumer Zeit wesentlich zwei heraus.

Da ist zunächst die sog. Gewohnheitstheorie.

Man hat sich gedacht, ob die heute allgemein so automatisch geübten Instinkte nicht doch auf alte Gewohnheiten hinauslaufen könnten. Gewohnheiten, die das Einzeltier immer einmal wieder angenommen hätte und die bei ihm selber zunächst schon ziemlich automatisch geworden wären. Indem solche Gewohnheiten sich aber auf die Nachkommen vererbten, wurden sie dort völlig automatisch im Sinne eines blinden Zwangs. Jeder weiß, wie leicht bei uns Menschen selbst eine anfangs zweckbewusst geübte Sache durch Gewohnheit automatisch wird. Wenn ich meine Uhr jahrelang in der linken Westentasche zu tragen pflegte, so greife ich noch eine ganze Weile nach links, auch wenn ich längst beschlossen und durchgeführt habe, die Uhr fortan rechts zu führen. Wenn das vererbt würde, müsste es im Kind auch wie ein blinder Instinktzwang erscheinen.

Es gibt noch Forscher, die diese Erklärung für richtig halten, und manche sind, unbefriedigt von jedem andern Ausweg, sogar dazu zurückgekehrt, obwohl sie gewisse Gegengründe nicht leugnen können.

Es spricht nämlich dagegen, dass einzelne Instinkte nur einmal überhaupt im Leben des Einzeltiers ausgeübt werden — so der Hochzeitsflug der Bienenkönigin oder auch jene Vorbereitungen der Raupe auf ihren eigenen künftigen Schmetterling, wie soll hier je eine Gewohnheit automatisch geworden sein? Andererseits wird die Vererbung solcher erworbenen Gewohnheiten bestritten. Wie automatisch wird unser Sprechen, Schreiben, Klavierspielen zuletzt, und doch wird es nicht vererbt, mindestens nicht so, dass unsere Kinder bereits ihre Muttersprache sprechen oder Klavier spielen könnten. Es tobt allerdings über diese Frage immer noch ein Zwist der Gelehrten, von dem man nicht ohne Weiteres behaupten kann und gerade wieder in letzter Zeit nicht behaupten kann, dass er schon entschieden wäre. Aber es bleibt doch immer misslich, eine Erklärung auf etwas zu stützen, das selber einstweilen nicht geklärt ist.

Als die Hauptsache aber erscheint: Auch in diesem Falle müssten alle die heutigen blinden Instinktzweckmäßigkeiten irgendwann einmal von ersten Individuen der betreffenden Tierart durch Intelligenz gefunden worden sein, ehe sie zur Gewohnheit werden und vererbt werden konnten — ganz wie im Bild der zuerst doch absichtlich nach links gesteckten Taschenuhr.

Damit landeten wir aber doch wieder bei dem so unwahrscheinlichen mathematischen Verstand des Trichterwicklers und der unmöglichen Voraussicht der Seiden spinnenden Raupe. Zuletzt liefe es darauf hinaus, dass die urweltlichen Tiere am Ende unvergleichlich gescheiter gewesen sein müssten als ihre Nachkommen von heute, was doch reichlich absurd klingt und in dem, was wir von ihrem Gehirnbau wissen, gewiss keinen Anhalt findet. Man müsste, um wieder aus diesem Dilemma herauszukommen, höchstens die Sache so denken, dass auch die alten Tiere nicht mit Intelligenz, sondern bloß durch reinen Zufall gelegentlich auf den praktischen Weg geraten wären (also etwa der Trichterwickler auf seine Kurve) und dass sich dann die, die zufällig die beste Gewohnheit vererbten, in der allgemeinen Nachkommenkonkurrenz allmählich durchgesetzt hätten.

Sobald man aber schon so mit dem „Zufall" als Erklärung wirtschaften will, nähert man sich bereits sehr stark einer Deutung, die jetzt auch schon vor weit über hundertfünfzig Jahren kein Geringerer aufgestellt hat als der große Charles Darwin selbst.

Darwin legte für die Instinktentstehung auch einen „Zufall" zugrunde, aber er setzte ihn noch ein ganzes Stück tiefer und blinder im Spiel an. Bereits durch irgendwelche „Zufälle" in den Keimanlagen der früheren Tiere sei gelegentlich das eine oder andere Individuum sozusagen gleich von Mutterleib an (wie es in der Theologie heißt) „prädestiniert", zwangsweise vorbestimmt worden, blind die bessere und beste Methode zu wählen, ohne dass es selber eine Ahnung von ihrer Güte hatte. Und diese ungewollten Glückskinder bereits von Mutterleib an hätten sich dann im Daseinskampf am besten erhalten, hätten ihre Zwangsanlage weiter vererbt und so zuletzt die ganze Sache durchgesetzt — während die schlecht veranlagten, die Stümper und Fehlgänger von Mutterleib, einfach ausstarben. In diesem Falle brauchte von den „Treffern" gar nichts erst durch Gewohnheit automatisiert zu werden und der Vererbung stand nichts im Wege, da sie nicht unter die bestrittene Vererbung erst erworbener Gewohnheiten fiel, sondern nur im neuen Keim den Treffer weiter gab, der bereits im elterlichen gewesen.

Im Ganzen ging Darwin dabei für den Instinkt von dem gleichen aus, das er für die Organe der Tiere annahm. Wie zweckmäßige Instinkte, so hatten die Tiere durchweg ja auch höchst zweckmäßige Körperorgane. Das Wassertier Kiemen und Flossen, der Vogel Flügel und so fort. Diese Organe hatte das Tier aber sicherlich nicht durch eigene persönliche Pfiffigkeit hervorgebracht und schwerlich auch bloß durch den Gebrauch selbst. Aber Darwin glaubte zu bemerken, dass auch diese Organe bei den Keimanlagen der tausend und tausend Individuen jeder Art im Ei oder Mutterleib immer etwas zufällig hin und her „variierten", leise abänderten. War nun eine solche angeborene Keimvariante nachher wieder zufällig besser für den Zwecksinn des Lebens bei dem betreffenden Individuum, so setzte sie sich durch, während die schlechteren ausstarben. Und zuletzt blieben so überall nur die denkbar zweckmäßigsten Organe übrig. Ganz das Gleiche mochte aber seit alters auf die Instinkte zutreffen. Auch sie standen doch wohl irgendwie in einem Wechselverhältnis zu einem Organ, nämlich dem Gehirn (ganz einerlei, wie man sich nun den letzten philosophischen Zusammenhang denken mochte). Indem aber auch dieses Gehirnorgan bereits im Keim variiert hatte, hatten auch die Instinkte mit variiert. Bald besser, bald schlechter. Aber die besten Instinkte nur hatten sich erhalten, blieben bis heute übrig. Nehmen wir's an unserm Trichterwickler. Die alten Rüsselkäferchen schnitten ursprünglich beliebig in das Blatt ein. Da bekamen einige zufällig die Keimvariante mit, in der Evolute zu schneiden. Sie kamen leichter zum Ziel, bauten bessere Wickeln und brachten sicherer ihre Jungen aus. Die Jungen aber waren wieder geborene Evolutenkinder, und so setzte sich die Evolute endlich durch, ohne dass doch je ein Rüsselkäfer selbst eine Ahnung gehabt hätte, was eine Evolute war.

Es ist selten ein Gedanke in die Menschheit gekommen, der so hübsch zu klappen schien wie dieser Darwinsche, und vom ersten Tag an bis heute hat er die meisten Forscher bezaubert, wie das wahre Ei des Kolumbus. Und die Mehrzahl der Instinktgelehrten schwört gegenwärtig noch auf ihn, das ist gewiss. Dabei hat auch diese Darwinlogik unverkennbar ihre Schwächen; man nimmt sie aber dort lieber in den Kauf um des Ganzen willen. Indem sie den Zufall ganz in den tiefsten dunklen Urgrund des Keimlebens selbst hinabschiebt und die fertigen Individuen bloß wie Drahtpuppen daran tanzen lässt, gibt sie doch keine klare Antwort (und Darwin fühlte das selbst am allerbesten) über die Natur dieses Zufalls selbst. Was bestimmt, dass immer wieder Treffer, die dem praktischen Lebenswerk entsprechen, im Zufall dieser Keimvarianten sind? Es müssen seit alters ungeheure Mengen gewesen sein mit den verwickeltsten Ergänzungen, sonst konnte diese prachtvoll passende Feinmechanik des Ergebnisses nicht schließlich zustande kommen. Darwin dachte allerdings noch an meist ganz winzige Einzelvarianten, Schrittchen für Schrittchen, deren Plus sich erst in unendlichen Zeiten summiert und kombiniert hätte. Gegenwärtig fängt man in den Fachkreisen aber schon sehr allgemein an zu glauben, nur bereits stark zu neuer Einheit von vorneherein geordnete Haupttreffer hätten sich überhaupt durchsetzen können, hier wären Keimvorgänge auch zu den Instinkten nötig, von deren revolutionärer Natur und Ursache wir jedenfalls noch gar keine Ahnung besitzen und die das Wort Zufall allein unmöglich decken kann. Auch das bleibt fraglich: ob die allgemeinen Wahrscheinlichkeitsgesetze des Zufalls hier gelten können. Das Leben auf der Erde mit seinen Keimbildungen ist nicht die Weltlotterie selbst, sondern eine beschränkte Erscheinung ohne die Gewähr unendlicher Varianten.

So kann nicht wundernehmen, dass immer wieder die Idee aufgetaucht ist, es gebe doch auch in diesen Varianten selbst noch eine geheime Nachhilfe, — die Würfel des Zufalls seien auch für die Instinktanlagen im Keimstoff von je schon etwas auf Erfolg gefälscht.

Selbst Vertreter der Zufallstheorie haben hier notgedrungen kleine Brücken gesucht, andere aber sind wieder noch viel weiter gegangen. Ob zwar nicht im Individuum und seinem persönlichen Wollen, wohl aber in den tiefsten Geheimnissen des Lebens selbst bereits etwas zwar Natürliches, aber gleichwohl Zweckstrebiges walte? Zweck und Natur schließen sich ja nicht völlig aus, der Mensch handelt nach Zwecken und erscheint doch nur als ein Stück Natur; aber es fragt sich, wie man sich etwas wirklich Greifbares dabei denken solle.

Die Kühnsten sind hier, wenn nicht beim lieben Gott, doch wieder bei dem alten Aristoteles gelandet. Andere haben an Schopenhauers „Willen in der Natur" gedacht, der allerdings von seinem Meister wieder so weit genommen ist, dass grade er auch mit der reinen mathematischen Wahrscheinlichkeitsrechnung des Zufalls selbst zum Ziel kommen könnte, Hartmann hat daraus sein „Unbewusstes" gebaut, das Zwecke durchdrücke ohne Zweckbewusstsein, — schließlich doch auch nur ein Wort und ein Durchhauen des Knotens mit dem Widerspruch selber: credo quia absurdum, ich glaube es, weil's nicht zu glauben ist. Bergson, der, das muss man sagen, immer Gedankenblitze hat, hat wenigstens etwas scheinbar Fassbares, die künstlerische Intuition im Menschengeist, herangezogen. Auch sie schaffe auf Harmonisches und im höheren Sinne Zweckmäßiges hin und unterstehe doch nicht der Intelligenz. Arbeite selber wie ein dunkler Drang, ein „Es", das durch uns hindurchbricht. Wenn so etwas auch im tiefsten Geheimnis der Lebensentwicklung von Anfang an waltete? Vielleicht könnte unser plumper Verstand nur dort so wenig heran, wie er dem schaffenden Dichter in die Karten sieht. Der Gedanke selbst ermangelt nicht der Tiefe, denn es ist wirklich, als schauten wir in dieser Intuition noch auf ein Drittes neben Instinkt und Intelligenz, das uns selber in größten Schaffensaugenblicken streift. Aber auf der andern Seite erscheint eben diese Intuition grade als etwas so extrem und höchst Menschliches, fast Übervergeistigtes, noch über uns selbst im Alltagsgang Hinausdeutendes, dass es schwerfällt, ihm bereits tief unter uns eine solche Rolle zu geben. Schließlich vergleichen wir doch auch hier nur ein Unbekanntes mit einem Unbekannten. Wenn wir streng biologisch beschreiben könnten, wie der Künstler innerlich an seinem Werk schafft, würden wir wirklich vielleicht auch dem Geheimnis der Raupe näher sein, die ihren Seidenkokon spinnt. Aber wer will sich solcher Einsicht rühmen? Und so haben alle diese kühneren Wege bisher auch nichts unmittelbar Fruchtbares bringen können, sie kommen im Grunde alle nicht über den paradoxen Satz, das Leben habe einen angeborenen blinden Instinkt, in seinen Wesen blinde Instinkte zu erzeugen.

Kein Wunder, wenn da die nüchterneren Forscher, die einstweilen noch nicht auf dem Pegasus reiten wollen, doch immer wieder zu Darwin zurückgekommen sind, ob die Wahrheit nicht wenigstens in seiner Richtung liege, wenn er auch selbst noch nicht die volle Lösung gebe, wie der liebe Gott zu groß, so sei vielleicht der Darwin einstweilen noch um etwas zu klein. Während eine engere Gemeinschaft sich ebenso zäh müht, ob man nicht auch der Gewohnheitstheorie noch eine Seite abgewinnen könne, die sie zuletzt trotz allem zum wahren „Sesam, tu dich auf" des Märchens machte.

Aber wie es nun mit der letzten „Erklärung" des Instinkts sei (und irgendwie „natürlich" wird er sich ja schließlich auch entpuppen müssen), — eine Frage, die ich bisher absichtlich gar nicht angeschnitten habe, muss hier noch von allergrößter Bedeutung sein.

Es gibt, darüber sind wir uns wohl einig, solche angeborenen, nicht der Intelligenz des Einzeltiers untertanen Instinkte. Gibt sie zu Tausenden und aber Tausenden, die das ganze Tierreich durchspinnen bis zu den einfachsten Wesen des Stammbaums hinab. Je tiefer hinunter, desto mehr verliert auch der Instinkt seine verwickeltere Form, wird einfach wie die niedrigeren Geschöpfe selbst und verschwimmt zugleich fast unmerklich als eigentliche Handlung gegen das Organ, das er lenken soll. Der Forscher spricht dann von Reflexen, von Tropismen, ohne doch, scheint es, mit den anders klingenden Worten durchweg viel mehr auszudrücken als eben diesen Sachverhalt. Aber nun jene andere, schwerwiegende Frage: Ist die Tierwelt also in ihrem ganzen Geistesleben nur eingesperrt in die Schnürbrust solchen Instinkts …?

Eine große alte Richtung, als sie glücklich einmal so weit vorgedrungen, war allerdings dieser Meinung. Insbesondere jene streng theologische Schule, die im Instinkt fortan nichts Geringeres sah als einen unmittelbaren Gottesbeweis, nahm es als geradezu selbstverständlich an. Keine Zweckhandlung oder überhaupt geistige Regung bei irgendeinem Tier mit Einschluss auch des höchsten unterhalb des Menschen konnte auf persönlicher Vernunft beruhen — alles war Instinkt. Bis heute ist das dort Dogma geblieben. Der besagte Pater Wasmann gibt auch im Tier etwas noch gleichsam „sinnlich Geistiges" zu, unterscheidet auch fein sondernd allerhand Stufen des Instinkts selbst. Aber es bleibt auch ihm dafür alles im Instinkt. All-Instinkt. Pan-Instinkt.

Es ist das die Stelle, wo bereits vor vielen Jahren einzelne Naturforscher und Tierkenner extrem nicht theologischer Färbung, wie Karl Vogt und später besonders der Tierleben-Brehm, sich gegen die ganze Instinktlehre auflehnen zu müssen glaubten, weil sie in ihr bloß eine Übertreibung und ein Werkzeug der Kirche argwöhnten. Dem guten Brehm, der zu seiner Zeit ein Tierbeobachter und Tierschilderer wirklich allerersten Ranges war, ist das heimgezahlt worden, indem er nun von drüben zum Vertreter eines kritiklosen „Anthropomorphismus" seiner unberechtigten Vermenschlichung) in der Tierseelenkunde gestempelt wurde, der umgekehrt bloß mit tierischer Vernunft erklären wolle — eine seither vielfach nachgesprochene Beschuldigung, die jetzt wieder ihm gegenüber eine große Ungerechtigkeit enthielt.

Nun, ich meine, wir brauchen uns mit der engeren „Theologie" in jenem Standpunkt nicht auseinanderzusetzen — so fragt sich doch, ob er nicht wirklich auch der streng wissenschaftliche sei.

Die Fülle der Instinkte hat eine so überwältigende Kraft, dass es nahe genug liegen kann, das zu glauben. Nehmen wir es aber an, so ergibt sich wiederum streng wissenschaftlich eine Folgerung, deren eigene Bedeutung gar nicht überschätzt werden kann, vielleicht mag der folgende kurze Gedankengang am geeignetsten darauf führen.

Warum, wenn dieser Instinkt im Geistesleben des Tieres das allein ausschlaggebende war, das „keine anderen Götter neben sich" sah — warum hat er es dann auf Erden nicht eigentlich noch viel weiter gebracht? Er hat Ameisen mit Blattlaus-Viehzucht und Pilz-Ackerbau erzeugt, den wunderbaren Geschlechtsstaat der Honigbiene aufgebaut, Rüsselkäfer Evoluten aus Evolventen konstruieren lassen — warum könnte er nicht eines Tages selber auch menschengroße Wesen in seiner Weise beseelt haben, die dabei doch auch im „Paradies" geblieben wären ohne jeden Anteil der verfänglichen Vernunft? Vieles hätten sie noch erreichen können, das uns die Verstandestechnik geschenkt. Aber ihre Gehirne liefen in festen Geleisen, unabänderlich, von Geburt an gegeben, ohne Wahl, ohne Nachdenken. Ihre Staaten wären starre Ameisenstaaten geblieben.

Ihre Kultur bei allem Glanz ein blinder Zwang, der eigentlich doch nichts von sich selber wusste. Sie wären nicht ganz tote Maschinen gewesen, hätten auch ihr Geistiges gehabt, auch Schmerz und Lust — aber alles ohne Einsicht von irgendetwas — traumhaft. Nie würde ein solcher „Mensch" erfahren haben, was ein Zweck ist, obwohl ihre Technik, vielleicht ihren ganzen Planeten in einen blühenden Zaubergarten verwandelt hätte, noch weit über alles Geleistete hinaus . . . Auf fremdem Stern, wenn wir uns einmal etwas ziemlich Schauerliches ausdenken wollten, könnte so etwas verwirklicht sein. Instinktmenschen — menschengroße Instinktameisen mit Instinktkultur. Echte Dauermenschen des Paradieses ohne Sündenfall. Schlafende Menschen, die lebten, aber lebten wie in einer abgeschiedenen Schattenwelt ...

Hier aber lassen wir die Verzauberung des Gedankens plötzlich schwinden und fragen uns: Ja, warum ist es denn auf unserer Erde nicht wirklich so geworden? Wenn die Tiere während ihrer gesamten Entwicklung seit Urtagen bis auf diesen Tag ausnahmslos nur in solchem Instinkt gelebt und gewebt haben — wie ist es denn überhaupt möglich geworden, dass ein Wesen auf dieser Erde, ein Tier unter Tieren und von Tieren, wie wir im Zeichen Darwins annehmen, — nämlich der echte Mensch — eines Tages doch Herausbrechen konnte aus diesem allmächtigen Gesetz des Instinkts und werden konnte, was er doch nun einmal wirklich ist? Ein Wesen, das überging zur freien Erkenntniswahl. Paradiesisch gesprochen, das den Weg einschlug: Eritis sicut Deus scientes bonum et malum, frei übersetzt: Ihr werdet selber euer eigenes Gesetz fortan sein. Biologisch gesagt: das einen vollkommenen System- und geistigen Qualitätswechsel in sich vollzog, indem es anstelle des Instinkts die

Intelligenz setzte. Beide Prinzipien schließen sich aus, wie wir gesehen haben. Wie konnte also Intelligenz sich aus Instinkt entwickeln?

Kein Zweifel: Hier wächst eine äußerst ernste Frage auch auf den strengen Forscher zu. Entweder unsere ganze neuzeitliche Ableitung des Menschen aus dem Tier stimmt nicht (Instinkt hätte nur Instinktmenschen ergeben können) oder in unserer Betrachtung bisher muss doch noch ein Loch sein.

Wenn die Theologie selbst die Dinge recht erwägt, so wird sie allerdings zugeben müssen, dass die Frage auch ihr nicht selten Kopfzerbrechen gemacht hat: wie der Mensch, ins Paradies hinein erschaffen, eigentlich abfallen konnte? Und die tiefsinnige alte Legende scheint bereits einen Ausweg gesucht zu haben, indem sie die „Schlange" einführt. Diese Schlange ist auf der einen Seite auch ein Stück Paradies, aber auf der andern verführt sie den Menschen, sich vom Paradieszwang loszusagen und den Weg zur Erkenntnis zu suchen. Man könnte denken, dass sie von Anfang an ein Nebenprinzip vertrat, das dem Paradiesgesetz niemals völlig unterworfen gewesen war und das jetzt Propaganda machte für seine endgültige Selbstbehauptung.

Wenden wir auch das aber auf unsere Tierseelenkunde an, so würde es besagen, ob nicht von Urfügung des Lebens an doch auch im Tier immer etwas bestanden hätte, das nicht bloß Instinkt war und an das folgerichtig eines Tages die Entwicklung des Menschen anknüpfen konnte. Und in der Tat glaube

40

ich, dass wir bei noch etwas genauerer Betrachtung auch hier diese „Schlange" wohl finden könnten, die uns aus jenem Dilemma herausführt.

Der Mensch selbst, wenn wir ihn nur recht besehen wollen, ist in Wahrheit nicht so ganz unparadiesisch, wie jene zugespitzte Fragestellung glaubhaft macht. Auch er zeigt noch deutliche Restspuren von Instinkt, wenn auch überstrahlt von Erfahrung und Verstand.

Im Tier umgekehrt ist bereits etwas „Baum der Erkenntnis" insofern, als jener Satz von der Allmacht des Instinkts nur bedingt stimmt und neben diesem Instinkt doch auch in ihm schon eine freiere Geisteslinie sich anbahnt, wenn auch noch verdunkelt vom Instinkt.

Wenn unsere Betrachtung diesen Punkt bisher in der Tat beiseitegelassen hat und die theologische Zoologie ihn grundsätzlich zu übersehen wünscht, so hat die Natur selbst ihn doch keineswegs so verschleiert, dass eine unbefangene Suche nicht auch an ihn herankönnte. Es gilt nur, hier noch ein Teil vorsichtiger zu gehen als drüben. Der Gewinn ist dafür, dass wir jetzt das erhalten, was der Theologe alten Stils allerdings grade nicht brauchen konnte, nämlich den wirklichen Anschluss auch auf geistigem Gebiet von Tier und Mensch.

Da würde zunächst ein kurzer Blick zu werfen sein auf die Frage, ob auch der Mensch trotz seines ausgesprochenen Geisteswesens noch heute selber Instinkte besitzt. Einen allerersten Augenblick könnte man vielleicht gewillt sein, das zu verneinen, aber doch wohl nur einen Augenblick. Das Kind isst Tollkirschen und schädigt sich schwer damit, während die schlesische Gebirgskuh um die Blätter des giftigen Germers (Veratrum) auf ihrer Weide völlig instinktsicher herumgeht. Das ganze Menschenleben ist ein Gräuel von Lernen und Wiederlernen, von den Kinderschuhen bis zum Grab, dass man manchmal daran verzweifeln möchte und genügende Sehnsucht nach den Heinzelmännchen vorsorgenden Käferinstinkts verspürt. Trotzdem wissen wir alle, dass in uns und durch uns auch allerlei Elementarisches waltet, das ganz gewiss nicht im reinen Intelligenzbereich liegt. All unser Gemüts- und Leidenschaftsleben vom Hungern bis zu Hass und Liebe ist zwar nicht ohne Weiteres mit dem eigentlichen Instinktwissen des Tieres zu vergleichen, wahrt aber gewisse grundsätzliche Züge eines angeborenen und ursprünglich blinden Triebs, den unser Verstand erst mühsam und vorläufig unvollkommen in seinen höheren Dienst zu zwingen sucht. Wie immer man sich zur wahren Intelligenz im Tier stellen mag: über die Ähnlichkeit, wenn nicht zu sagen Gleichheit in diesen Leidenschaften und Gemütsbewegungen bei Mensch und ihm nächst-stehendem Tier kann kein Streit sein und ist auch nur bei solchen, die Trieb und Intelligenz nicht richtig auseinanderzuhalten wissen. Der Hund fürchtet, hasst, liebt, freut sich ganz genau wie der Mensch, bloß noch gerader, kindlicher, weniger eben von der Überlegung angekränkelt, also im reinen Gemütssinn eigentlich noch bedeutend stärker. Und der einzig richtige wissenschaftliche Standpunkt dazu ist, dass wir mit dieser Anerkennung nicht das Tier unberechtigt zu vermenschlichen glauben, wohl aber im Menschen selbst noch deutliche Restteile instinktiven Geisteslebens seiner tierischen Vorstufe feststellen.

Wie stark in unserem geschlechtlichen Liebesleben Instinkthaftes nachklingt, scheinen besonders die Versuche von Steinach und seinen Mitarbeitern nahezulegen. Bei Ratten und Meerschweinchen wurden dort operativ die Lenkorgane des Geschlechtslebens vertauscht, und sogleich drehten auch die Instinkte im Gehirn mit: die früheren Männchen bekamen Muttergefühle, das ehemalige Weibchen, das auf Mann umgearbeitet war, zeigte männliche Rauflust. Es scheint aber, wenn die vorläufigen Ergebnisse sich bewähren, dass auch beim Menschen durch solche künstliche körperliche Umschaltung eine homosexuelle Neigung wieder in eine normale verwandelt werden konnte — Beweis, dass es sich bei diesen Liebeswahlverwandtschaften des Geschlechts auch bei uns um ausgesprochene Instinkte handeln muss. Denkt man an den Instinkt, der bereits die Raupe ein Schlupfloch für den künftigen Schmetterling anlegen ließ, so mag man sich mit einem wenigstens teilweise passenden Vergleich auch an unsere Keimzellen im Mutterleib erinnern, die ja in ihrer Art auch gewisse Individualitäten darstellen und als solche noch im finsteren Schoß dem werdenden Kind ein Auge aufbauen, das doch erst nach der Geburt im wirklichen Licht nützen soll, von diesem Kind selbst ist aber wieder oft beobachtet worden, dass es normal mit einem ebenso ausgesprochenen vererbten Instinkt an dieses Licht tritt, nämlich dem Instinkt des Saugens, den es schon an jedem entgegengestreckten Finger übt, wenn nicht gleich eine Mutterbrust zur Stelle ist.

Also bereits nach dieser Seite wäre das „Paradies" keineswegs so verloren, wie es die fanatische Instinktlehre zu verlangen schien. Nun aber umgekehrt: Wie ist es mit nicht instinktivem, also wirklich an unser freieres, persönlicheres, menschliches Geistesleben anklingendem Verhalten in der Tierseele selbst? (Ich erinnere ausdrücklich hier noch einmal daran, dass das Wort „Tierseele" für mich nicht ein wüstes Durcheinanderwerfen geistiger und physikalischer Betrachtungsketten bedeutet, sondern nur das Geistige mit umfassen soll.)

Da wäre zunächst und gleichsam als Übergang vom Lernen beim Tier zu reden. Also einer Fähigkeit des Tieres, die unzweideutig bereits ins Persönlichkeitsreich weisen würde. Ich sagte, der Mensch sei ein Gräuel von persönlicher Lern-Notwendigkeit, weil er so wenig vererbtes Wissen durch Instinkte hat. Das Tier ist vielfältig schon von Geburt an umgekehrt überlastet mit solchem Instinktwissen. Gleichwohl besitzt es aber daneben auch noch persönliche Lernfähigkeit. Mithilfe des persönlichen Gedächtnisses vermag es Erfahrungen individuell hinzu zu erwerben — grundsätzlich ganz wie der Mensch, wenn auch im Erfolg nicht immer in solchem Umfang und solcher Verarbeitung. Es ist erzählt, dass viele glauben, der

Instinkt habe sich selber geschichtlich erst aus automatisch gewordenen und vererbten Erfahrungen entwickelt. Das bleibe nun eine Doktorfrage für sich — jedenfalls stehen sich aber heute in jedem Einzeltier Instinktwissen und solches Lernwissen als ein gewisser Gegensatz gegenüber. Auch das Tier hat hier schon etwas, das zu einer Nichtinstinktwelt zu gehören scheint, also in diesem Sinne „Mensch" ist.

Lernen und Wahlverhalten

Von Wilhelm Bölsche

Wie auch ein Tier „lernt", das mag uns ein einfachstes (gelegentlich von Richard Semon zergliedertes) Beispiel anschaulich machen. Ein junger Hund, der bisher nichts Übles mit dem „Herrn der Schöpfung" erlebt hat, begegnet auf harmloser Streife einem bösen Buben, der sich bei seinem Anblick nach einem Stein bückt. Das gute Hündchen sieht es, ohne zunächst Ärgerliches zu gewärtigen. Der Stein aber fliegt und schreibt sich ihm bitter schmerzlich auf das Fell. Eine Meile später schwärmt das Tier wieder aus, gewahrt einen Menschen, der sich ebenfalls nach einem Stein bückt, und sogleich entflieht es mit eingeklemmtem Schwanz und klagendem Geheul. Was ist geschehen? Der Hund hat aus einer bösen Erfahrung gelernt. Man kann das äußerst vorsichtig beschreiben, als reine „Assoziation", bei der der Gesichtseindruck des Bückens und der Schmerzreiz sich wie mit einer Strippe in dem Hundegehirn verknüpft haben und nachher das Anrühren des einen Strippenendes wieder das andere innerlich Mitschwingen lässt (obwohl wir von den wahren Einzelheiten des Vorgangs aus der Hirnanatomie bisher wenig wissen). Kann sagen, es muss in dem Gehirn durch das erste Erlebnis etwas körperlich abgeändert sein, das in der Folge ein andersartiges Verhalten bedingt. So kann doch alle Art der Beschreibung nicht daran ändern, dass der Vorgang beim Menschen, genau so beschrieben, einen unzweideutig richtigen Lernvorgang ergeben würde. Solche Lernbeispiele ziehen sich aber jetzt wieder durch die ganze höhere und mittlere Tierschicht, wohin man nur greifen mag. Über wahres „Denken" bei einzelnen Säugetieren und Vögeln ist gewiss seit alters (und auch neuerdings) viel gefabelt worden: vom einfachen Lernen in der eben angedeuteten Weise kann man sagen, dass es für alle näher beobachteten Säugetiere überhaupt die bekannteste, sinnfälligste, sicherste Äußerung ihres Seelenlebens sei, die wir besitzen, deutlicher hier als selbst die meisten Instinkte. Aber auch wo in die nächsttieferen und mittleren Tiergruppen hinein sich der Zweifel an ihrer Lernfähigkeit vorgewagt hat, ist fast immer die Bekehrung gleich auf dem Fuß gefolgt.

Dieser Zweifel hat sich ja gewissermaßen stoßweise in der Tierbeschreibung ausgetobt. Bald sollten bei den Wirbeltieren die Fische nicht mehr lernen können, bald die Insekten reine Reflexmaschinen sein, ein anderer schloss die Spinnen aus, einer sah vor den Mollusken die unabänderliche Grenze. Überall, wenn die Studierzimmerpfeifen ausgeraucht waren, räumte die unbefangene Beobachtung, unterstützt vom Naturexperiment, ebenso glatt wieder auf. Fische lernten im Versuch ungenießbar gemachte Futterbrocken von anderen an der Farbe unterscheiden, mieden binnen Kurzem die eingeprägte Farbe auch da, wo der Brocken nicht vorpräpariert war, und reagierten noch nach Wochen genau so. Spinnen wiesen eine Weile alle Fliegen ab, nachdem man ihnen dreimal nacheinander mit Terpentin betupfte geboten. Ameisen, durch eine Glasscheibe öfter, doch gefahrlos beunruhigt, lernten umgekehrt binnen Kurzem keine Notiz mehr von dem klopfenden Menschenkind zu nehmen. Wespen, durch süßen Honig auf Tellern angelockt, verknüpften später alle Teller mit Honig und suchten auch leere ab.

Für das Lernen der Bienen hat von Buttel-Reepen seit Jahren mustergültige Belege gesammelt. „In trachtloser Zeit, während der die Bienen überaus naschhaft zu sein pflegen, hatten einige durch das offene Fenster in meiner Studierstube eine Wabe mit Honig ausgewittert. Nach und nach kamen immer mehr der Nascher, die sich zum Teil an dem zweiten, geschlossenen Fenster verfingen. Um das zu verhindern, stellte ich die Wabe in das geöffnete Fenster selbst. Als die Bienen vielleicht eine halbe Stunde lang ab und zugeflogen waren, jagte ich sie von dem Honig ab und schloss das Fenster. Nach ungefähr 20 Minuten verfügte ich mich in das darüber liegende Schlafzimmer, dessen Fenster weit offen standen, und fand das Zimmer voller Bienen. Nunmehr wurde ich aufmerksam, und nachdem ich die Herumsuchenden hinausgejagt und die Fenster geschlossen, verfügte ich mich in den Garten und beobachtete das Verhalten genauer. An dem Fenster, an dem ich gefüttert hatte, versuchten viele vergeblich einzudringen, von Zeit zu Zeit flogen einige an das Nachbarfenster und versuchten dort ihr Glück, dann weiter zu den neben- und höher liegenden Fenstern, und zwar immer unten an die Fenster, ungefähr handbreit über dem Gesimse, in derselben Höhe, wo an dem Futterfenster der Honig gestanden hatte. So bemerkte ich an sämtlichen Fenstern des Hauses die suchenden Bienen. Waren die Bienen tatsächlich imstande, Assoziationen von Eindrücken zu machen und mit der Form des Fensters das Erlangen von Honig zu verbinden, so war zu vermuten, dass sie auch den Fenstern des seitlich ungefähr zehn Schritte abstehenden Nachbarhauses ihren Besuch abstatten würden, was in der Tat geschah. — Öffnet man die hintere Holztür einer Bienenwohnung, so können die Insassen nicht heraus gelangen, da stets noch eine innere Glas- oder Drahtgazetür den Verschluss bewirkt. Zwischen dieser äußeren und inneren Tür ist gewöhnlich so viel Raum, um ein Futtergefäß einstellen zu können, hat man dieses mit Honig oder Zuckerwasser gefüllt, so öffnet man einen Schieber, der unten an der Glastür angebracht ist, damit die Bienen zum Futter gelangen können, und schließt dann wieder die äußere Tür. Füttert man zum ersten mal, so bedarf es oftmals der Hinleitung der Bienen dadurch, dass man einige auf das Futter setzt, oder sonst wie, da sie andernfalls das Gereichte infolge zu späten Bemerkens nicht mit der erwünschten Schnelligkeit auftragen. Wegen der durch die Fütterung entstehenden Aufregung wird stets abends gefüttert und andern morgens das geleerte Gefäß fortgenommen und der Schieber der Glastüre wieder geschlossen. Aber schon am nächsten und übernächsten Abend beobachtete ich zu vielen malen, dass, wenn ich den Schieber der Glastür öffnete, die Insassen so schnell herausströmten, dass ich mich beeilen musste, die äußere Tür zu schließen, um keine zu zerquetschen. Auch wenn im Freien gefüttert wird, kommen bekanntlich die Bienen oft noch stunden-, oft noch tagelang zu der Stelle, wo ihnen der Honig einmal gereicht wurde."

Manche dieser Insektenbeispiele haben sich allerdings als ungemein verwickelt erwiesen, weil angeborene Instinkte und persönliches Erfahrungslernen trotz ihres inneren Gegensatzes oft schier unzertrennbar darin praktisch durcheinander zu spielen scheinen. So in dem berühmtesten von Buttel-Reepen herangezogenen Fall. „Die jungen Bienen, die sich zuerst nur den Instinktbeschäftigungen hingeben, halten ungefähr 10—14 Tage nach dem Auskriechen aus der Zelle ihren ersten Ausflug, der sich in sehr charakteristischer Weise vollzieht. Die aus dem Flugloch herauskommenden Neulinge würden, falls sie einfach in die Landschaft hinausflögen, bald verloren sein, da sie ihr Heim kaum wiederfinden würden, zumal nicht, wenn wir uns eine Reihe von Bienenkörben (Buttel verweist hier auf das Bild eines großen Heidebienenstandes mit riesiger fortlaufender Kette einander sehr ähnlicher Körbe) zusammenstehend denken, da ein Landen in einem fremden Stock meist sofortiges Abstechen bedeuten würde. Sie bedürfen also genauer Orientierung, die in der Weise vorgenommen wird, dass die Herauskommende sich sofort umwendet und mit dem Kopf — also mit den Augen — dem Stock zugekehrt, vorwärts und rückwärts in Halbkreisen hin und her und auf und nieder fliegend, sich den Stock und die nähere Umgebung genau einprägt. Die Biene lernt also ihre Umgebung kennen. Sie sammelt Erinnerungsbilder, die sie hernach auf ihrem Flug leiten." Die Lerngabe selbst ist dabei nötig genug, denn „wirft man junge Bienen, die noch kein Vorspiel gehalten haben, 30—40 Meter vom Stand in die Luft, so finden sie, namentlich, wenn Gebüsche, Häuser usw. dazwischen liegen, nicht in ihren Mutterstock zurück, lässt man dagegen alte Feldbienen, die schon weit und lange ausgeflogen sind, innerhalb 3—4 Kilometer von ihrem Heim entfernt unter normalen Bedingungen fliegen, so finden sie alle zurück".

Das an sich vorzügliche und oft seither zitierte Lernbeispiel hat aber diesmal noch eine wertvolle Klausel. Das Umkreisen des Stocks bei den Neulingsbienen ist nämlich selber offenbar bereits zu einem ererbten Instinkt geworden. Er erscheint wie nachträglich angeschlossen an das persönliche Lernen, um zu ihm in jedem Fall und bei allen Bienen die Voraussetzung zu erzwingen. Aber er geht als solcher auch wieder nur genau so weit, wie er seinem Wesen nach vermag: Das Bild des jedes Mal verschiedenen Einzelstocks kann er nicht überliefern - hier muss also die persönliche Lerngabe neu ergänzen. Ein solches Beispiel zeigt auf der einen Seite den großen Vorteil, den in vielen Fällen doch auch dieses individuelle Lernen überall dort geboten haben muss, wo der ererbte Instinkt niemals herankonnte. Man versteht, dass es dauernde Lebenslagen geben mochte, wo dieser Vorteil so überwog, dass das Lernen mehr und mehr den Instinkt verdrängen musste, gleichsam überwuchern musste. Bei den Insekten mag die Waagschale im ganzen noch weit bei dem Instinkt stehen. Im Säugetier erscheint vielfach das Lernen bereits entscheidend wichtiger, und im Urmenschen muss die Schale ganz nach der andern Seite übergekippt sein. Andererseits sollten aber gerade Fälle solchen Durcheinanderwirkens beider Prinzipien wie dieser von den Bienen allen Theoretikern über die Instinktentstehung besonderen Anlass zum Durchdenken geben.

Das Lernen selbst ist schließlich auch bei Tintenfischen, also wirklich bereits Mollusken, nachgewiesen worden: sie krochen im Aquarium aus ihren verstecken, wenn sich nur der Kopf des gewohnheitsmäßig fütternden Wärters über dem Wasser sehen ließ oder gar bloß die Leiter, die er dabei zu benutzen pflegte, außen an das Decken gestellt wurde. Jener sinnreiche Spinnenversuch mit ungeeigneter Nahrung glückte im Vexierspiegel bis zu gewissem Grade noch bei Seerosen, die mit Fleischextrakt getränktes Papier von echtem Fleisch unterscheiden lernte». Und wenn man sich mit einigem Mut durch die „sparsameren" (obwohl sehr häufig gerade so künstlicheren) mechanischen Umschreibungen gewisser Beobachter glücklich durchgekämpft hat, kann man sich kaum mehr der Überzeugung verschließen, dass zum guten Schluss das Trompetentierchen (Stentor), also ein einzelliges Infusorium[1], noch das „Urphänomen", wie Goethe gesagt haben würde, solchen Lernens vormacht. Es scheint also auch in dieser „individuellen

---

1 Siehe auch: Alfred Binet, *„Die ersten Spuren psychischer Erscheinungen"*, Norderstedt (2017)

Möglichkeit" etwas zu liegen, das dem Leben so weit folgt, wie es überhaupt individualisiert ist.

Wobei noch eines Zuges gedacht sei, der sich immerhin als merkwürdig aufdrängt. Dieses Erinnern im Lernenden erscheint wie eine gewisse persönliche parallele zu dem Vererben in der Art. Es ist gleichsam die eigene und private Vererbungsform während der Lebensdauer des Einzelwesens. Bekanntlich hat der ausgezeichnete Forscher Richard Semon hier den kühnen Gedanken gehabt, ob die Beziehung nicht noch viel enger sein könnte: die große allgemeine Vererbung selbst nur ein vertiefter Spezialfall des körperlichen Vorgangs sein könnte, der vermutlich auch zu jeder kleinen privaten Erinnerung vorauszusetzen ist. Es ist das die viel umstrittene Mnemetheorie, die eine Weile starkes Aufsehen gemacht hat und noch heute zur Erörterung steht, ohne erledigt zu sein.

Inzwischen wird man zu unserer Paradiesfrage aber noch nicht ohne Weiteres sagen, dass Lernen allein schon Intelligenz sei — so eng es sich auch bei uns Menschen damit verknüpft haben mag.

In der Paradiesgeschichte selbst trennt sich der Mensch erst eigentlich vom alten Gesetz, indem er zur eigenen Wahl von Gut und Böse übergeht, hier ist im Völkermärchen bereits scharf bestimmt, was die eigentliche Wende zur wirklichen Intelligenz ausmacht. Noch nicht bloß Lernen, sondern selbstdenkende Wahl. Der angeborene Instinkt schrieb das Nützliche und Schädliche in den Hauptlagen des Lebens vor. Der Verstand wählt nach einem eigenen persönlichen Entschluss.

Nun liegt gewiss der Gedanke nahe, wenn man ohne vorgefassten Eifer die Dinge schlicht anschaut, dass das Tier, wenn es schon Lernen neben dem Instinkt bekommen, auch von dieser guten Gabe früh ein Teil mit erhalten habe. Denn die Naturgeschichte hat es doch nicht mit wirklich paradiesischen Ergötzlichkeiten zu tun, sondern allemal und seit alters mit der verdammten Nützlichkeit im Daseinskampf. Auch die persönliche Verstandeswahl wäre sicherlich noch ein Gewinn mehr gewesen zu allem Instinkt. Nehmen wir einen Vogel, der sein Nest bauen soll. Der Instinkt wird ihm, so ist wenigstens die allgemeine Annahme, die ungefähre Gestalt des Nestes, wie sie seiner Art zukommt, so mitgeben, dass er es auch ohne Erfahrung wie Überlegung herausbrächte, z. B. selbst als geborener Käfigvogel. Aber in der gegebenen persönlichen Wirklichkeit draußen muss er dieses Bild den tausend verschiedenen Astgabeln seiner Umgebung und den tausend Materialschwankungen immer wieder individuell anpassen. Auch alle diese ewig neuen Zufallsbedingungen kann der mitgebrachte Instinkt so wenig vorsehen, wie in jenem Bienenbeispiel den einzelnen Bienenkorb, der gerade dem betreffenden Imker gefiel. Auch hier wäre also etwas subjektiver Wahlverstand mindestens als Zugabe so verflixt nützlich, dass man eigentlich wieder ausrufen möchte: warum sollte die Natur, wenn es im Menschen nachher möglich war, das nicht auch im Tier wenigstens als Hilfsprinzip bereits durchgesetzt haben? Man würde ja von einem Vogelhirn oder gar Käferhirn auch da nicht gleich zu viel verlangen. Ich habe oben gesagt, es scheine doch mehr als riskant, wenn ein Rüsselkäfer schon höhere Mathematik begreifen sollte. Aber wir verlangen auch nicht, dass der Vogel sein Nest selbst jedes mal neu erfinde - hier soll der Instinkt nach wie vor walten. Nur etwas nachhelfen soll in dem Spielraum darüber hinaus auch schon ein Quäntchen Verstand. Das Lernen, das wir schon zugestanden, gäbe ohnehin die weitere gute Gabe hinzu, dass es bloß die Treffer bewahrte und nicht die Schnitzer und Fehlschläge. Aber wie nett wäre es, wenn etwas Verstandeswahl auch bereits vor dem ersten Erlebnis selbst „das Glück korrigierte", so dass gar nicht soviel Zufallsschnitzer kämen. Ginge aber nur ein kleiner Schatten auch von solcher Mahl noch wirklich bis ins Tier, so hätten wir wohl die „Schlange" ganz. Der Mensch, den wir bereits als extremes Lerntier sahen, wäre nun auch das denkbar äußerste Beispiel solchen persönlichen Wahltieres geworden, um sich damit vollends aus dem Instinkt herauszuarbeiten.

Man mag sich hier vergegenwärtigen, dass der reine Instinkt ja auch Schäden hat. Er hat nicht nur manches Gebiet, an das er nicht heran kann (wie in dem Bienenbeispiel), sondern seine allzu feste Schnürbrust kann auch selber ein wirkliches Entwicklungshemmnis werden vor einer Welt besonders rasch wechselnder neuer Anforderungen. vielleicht sind so extreme Instinkttiere wie die Staaten bildenden Insekten doch nicht umsonst so sichtlich über eine gewisse Stufe in ihrem Geistesleben nicht mehr hinausgekommen. Diesen Zug teilt der Instinkt mit jeder stark einseitigen Anpassung. Das Ideal wäre vielleicht doch eine im Augenblick immer wieder leicht bewegliche, plastische Anpassungsform als eine Art Universalschuh. Wer will aber verkennen, dass diese Form in einer sehr zwecksicheren Verstandeswahl gerade liegen könnte? Und hier hätte also vollends das Glück des Menschen gesteckt, mit dem er heute die Erde beherrscht auch ohne allzu viel Instinkt! Und noch geistig immer weiter geht — während, genau besehen, um ihn her die ganze einseitige Instinkt- und Anpassungstierwelt mehr oder minder in einer Erstarrung zu verharren scheint: Paradies-Stagnation gegen den Baum der Erkenntnis als Fortschritt.

Das alles, meine ich, ließe sich sagen. Und doch ist praktisch zuletzt wieder an keiner Stelle in der neueren Tierseelenkunde so hitzig gefochten worden, als grade an dieser: ob ein Tier wirklich auch schon Wahlverstand oder doch etwas dem Ähnliches und zu ihm Führendes haben könnte. Wir müssen also noch einmal aufs Höchste vorsichtig gehen. Und ich möchte da zunächst noch eine weitere kurze theoretische Betrachtung einflechten.

Verweilen wir doch einmal ganz ohne Tier bei einer solchen denkenden Wahlhandlung des Menschen selbst, wie sie uns allen geläufig ist! Wir sollen vor einer neuen, bisher nie ausgeübten und bei uns auch nicht mit einem Instinkt vorgemerkten Aufgabe eine möglichst zielgerechte Wahl treffen. Etwa bei einem

Waldgang zwischen mehreren sich kreuzenden Wegen, den besten wählen, der zu einer Waldschenke führt. Zunächst ist doch wohl dazu nötig, dass wir einen allgemeinen Impuls haben, diese Schenke zu erreichen. Also etwa Durst. Dann erst setzt die Wahl selber ein. Haben wir den richtigen Weg schon einmal früher gefunden, so kurbelt einfach auch bei uns die Assoziationsmaschine der Erinnerung los, die Kneipe und Weg verknüpft — also wir biegen auch jetzt wieder in den richtigen ein. Ist die Sache aber wirklich ganz neu, so beginnt jetzt in der Regel ein recht verwickeltes Gehirnspiel. Alle möglichen Erinnerungen sonst von Wegen, Wäldern, Schenken werden innerlich abgesucht, die doch wenigstens einen entfernten Bezug haben könnten, Kenntnisse über Ort, Lage, Himmelsgegend herangeholt, verglichen, verworfen, kleine Merkmale der Wegeingänge um und um gewirbelt und so fort. Eine gewisse persönliche Schläue in der Treffsicherheit des blitzschnellen Vergleichens, Identifizierens, Neukombinierens spielt dabei unverkennbar noch mit: es gibt, wie bekannt, Dussel im Wegfinden und sozusagen intuitive Genies. Andererseits kann der rohe, aber in der Lebensnot glänzend praktisch gedrillte Wilde dem Herrn Professor dabei weit „über" sein. Bis endlich im geheimen Kriegsrat der Gehirngeister auch die rechte Feder einspringt und steht: Der Weg ist der Sicherste. (Irrtum ist natürlich möglich; das war ja gleich in der Paradiesgeschichte die dumme Sache, dass die freie Wahl auch Hineintappen in die Sünde offen ließ.) Diesen Weg ergreift aber jetzt außerhalb des Gehirns sogleich, als sei gar kein inneres Konzil vorausgegangen, der handelnde Schritt: einfach hierhin los!

Es gibt aber doch auch noch eine weitere Möglichkeit. Der Durst ist da, aber dem inneren Rat will durchaus gar nichts einfallen, das einen bestimmten Weg bevorzugte, vielleicht ist es dunkel, alle Wegeingänge sind nur zu tasten, die Himmelsrichtung ist nicht fassbar. Es ist so gut, als wäre das ganze sonst so bereite Gehirnfeld nicht vorhanden. Schließlich bleibt von ihm bloß ein Signal: probeweise los nach irgendeiner beliebigen Richtung. Der Zufall muss Gottesurteil spielen, hört der Weg auf, dann zurück in einen andern. Lotteriespiel! Monte Carlo gleichsam gegen Denken vorhin. Bis ein Weg im Zufall den Treffer zieht und ans Ziel führt. Auch in diesem Zufallsentscheid ist wohlverstanden die Wahlsetzung selbst nicht ganz ausgeschaltet, aber der Erfolgsversuch bleibt doch plump und verläuft sehr viel umständlicher. Im ersten Fall geht alles nicht nur sicherer, sondern auch, man möchte wohl meinen, menschenwürdiger. Der Mensch empfindet immer eine Art Beschämung, wo er noch einmal äußerlich mit seiner Wahl den reinen blinden Probierweg gehen muss. Im Spiel macht's ja oft Spaß, sich so aufs reine Zufallsglück einzuschiffen und nachher überraschen zu lassen. Wie es ja auch Leute gibt, die lieber in Monte Carlo spielen, als ehrlich arbeiten. Aber der kühle, besonnene Kopf, der nicht gern zwecklose Arbeit tut, die mit etwas Überlegung erspart werden könnte (was man nicht im Kopf hat, muss man in den Beinen haben, sagt das Sprichwort), geht im praktischen Leben doch diesen Zufallsproben gern aus dem Weg. Und er denkt wohl noch an ein altes philosophisches Gleichnis dazu. Man könne einen Hasen schießen mit einem geraden Kernschuss Schrot. Oder indem man Schüsse nach allen Richtungen knallte, hoffend, es werde ihn auch so einer ereilen. Die Gedankenflinte ist jedenfalls billiger als diese Zufallsflinte, wenn auch der Hase vielleicht in beiden Fällen schließlich zur Strecke gebracht wird.

Nun aber empfehle ich doch auch dazu noch eine kleine Erwägung. Fall eins und zwei unserer menschlichen intelligenten Wegsuche haben doch vielleicht im tiefsten eine stärkere Ähnlichkeit als man gewöhnlich glauben mag. Die eine Art läuft, zugestanden, auf Zufallsglück alle Wege wirklich und objektiv ab im Sinne tatsächlicher Handlungen. Die andere verinnerlicht diesen Vorgang eigentlich bloß, indem sie ihn in ein Vorspiel legt und im Gehirn bereits alle verwickelten Möglichkeiten und Kombinationen ablauft, bis sie auch dort den geradesten, wahrscheinlichsten Treffer hat, den sie dann mit einer einzigen Handlung allerdings unmittelbar durchsetzt. Ein Absuchen, Rundlaufen, Durchproben ist aber streng genommen beide Male da. Bloß dort plumper, hier sehr viel verfeinerter und mit großer Energieersparnis. Sieht das aber, so betrachtet, nicht geradezu wie zwei Entwicklungsstufen aus, von denen die eine noch mit roherem, gleichsam in der Feinmechanik noch ausgeschaltetem, die andere bereits mit einem sehr viel verbesserten Apparat arbeitet? Otto zur Strassen hat den Gedanken in einem viel bemerkten geistvollen Vortrag über die neuere Tierseelenkunde gelegentlich gestreift, doch in einem philosophischen Zusammenhang, den ich hier nicht berühre. Ich will auch, wie oben bei der reinen Assoziationsbeschreibung im Lernen, nicht behaupten, dass er die ganze Tiefe des Problems erschöpfe, aber er scheint mir doch einen gewissen ersten „Findewert" jetzt wieder für das Tier zu besitzen.

Angenommen, es ginge ernsthaft neben dem Instinkt auch schon ein erster „Intelligenzweg" durch die ganze Lebenswelt von früh an mit, so könnte das Tier lange auch hier noch bloß den blinderen, mehr äußerlichen Versuchsweg abgetastet haben, solange eben noch kein so reiches Gehirn selber bei ihm da war, um durch inneres Abtasten und Kombinieren zu vereinfachen und gerader zu gehen. Es gibt da vielleicht ein hübsches Beispiel (allerdings aus botanischem Gebiet), das so etwas auch da unten anschaulich machen könnte. Wir kennen gewisse Pflanzen, zu deren Wohlergehen gehört, dass sie irgendeine andere, ragende Pflanze packen und sich an ihr zum Licht emporwinden müssen. Zum Zweck des Ergreifens solcher Stützpflanzen vollführt der wachsende blinde Kletterpflanzenspross kreiselnde Bewegungen, ähnlich dem rundtickenden Zeiger unserer Uhren oder einer geschwungenen Gerte, immer rundum und in genau innegehaltener Zeit und Richtung. Der Hopfen schwingt z. B. so in etwas über zwei Stunden einmal um, und zwar immer nach rechts, die Feuerbohne in nicht ganz zwei Stunden und stets nach links. Stößt der Spross bei diesem Zufallsabtasten auf eine wirkliche Stützpflanze der Nähe, so gibt er sogleich sein weiteres Schwingen auf und klettert empor: er ist am Ziel. Ich untersuche hier nicht, wie die Sache bei der Pflanze selbst durch innere Art ihres Wachstums zustande kommt und heute feste Regel geworden ist, sondern halte mich nur an das anschauliche äußere Bild, wie hier ein offensichtlicher Zweck bei einem Lebewesen auch durch blindes Abtasten aller im Umkreis gegebenen Zufallsgelegenheiten geradezu wunderschön immer wieder erreicht wird. Die Aufgabe darf natürlich nicht zu schwer sein, es müssen schon Treffer in erreichbarer Nähe sich befinden, aber in gewissen Grenzen arbeitet die Sache offenbar seit alters, solange solche Kletterpflanzen in großer Zahl bestehen. Bei einer Menge von Tieren, bis zu ganz niedrigen, eigentlich noch weit unter solcher Pflanze stehenden, hat man aber längst im Bilde durchaus ähnliche „Probierbewegungen" bemerkt, die sie auf der Nahrungssuche oder sonst vor allerhand individuellen Lebenslagen überall da anwenden, wo ein einseitig treibender Instinkt nicht infrage kommt.

Das Verhalten einfachster Amöben, also einzelliger Geschöpfe an der tiefsten Grenze aller organischen Entwicklung überhaupt, dürfte durchaus schon hierher gehören. Die hungrige Amöbe entsendet unausgesetzt die fliehenden sog. Scheinfüßchen ihres beweglichen Gallertleibes nach allen Richtungen hinaus, bis auch sie einen Nahrungskörper so „hat", um den sie nun ihre lose Körpermasse gleichsam ansammelt, um ihn nach Bedarf auszusaugen. Schwimmende kleine Würmer vom Volk der sog. Rädertierchen bewegen sich entsprechend nicht einfach geradeaus in ihrem Element, sondern schrauben sich in Spirallinien dahin, offenbar, um ebenfalls dem Zufallsvorteil ständig ein möglichst breites Versuchsfeld anzubieten, verwandte Sachen gehen aber in die Tierwelt auch hoch hinauf. Im weitesten Sinne gehört alles „Suchen" hierher, das nicht einer bestimmten Spur folgt — wenn z. B. der Maulwurf sein Beutegebiet (mühsam genug) weithin mit seinen „Experimentierröhren" auf Zufallsjagdglück durchwühlt oder unzählige andere Tiere rastlos die Oberfläche durchschweifen, ob sie Wasser, Raub, Liebe dabei finden könnten. Das Prinzip triumphierte auch bei gewissen künstlichen Experimenten, wo man höhere Tiere wirklich wie in unserm Menschenbeispiel den richtigen Weg suchen ließ. Und es arbeitet höchstwahrscheinlich wenigstens als ein Ansporn mit in den unzähligen, scheinbar zwecklosen Spielbewegungen und Spielversuchen besonders junger Tiere, wo, wenn auch nicht gleich für einen praktischen Zweck, so doch auch schon unendlich ins Blaue herumexperimentiert und sicherlich wohl manche auch praktische Erfahrung „spielend" vorweggenommen wird. (Karl Gross hat darüber ein vorzügliches, weit über den engeren Stoff hinaus grundlegendes Buch geschrieben.) Denn wenn der Versuch einmal erstmalig mit losem Herumtasten durch alle Lotteriemöglichkeiten bis zum Treffer gemacht ist, so setzt ja dann das persönliche Lernen ein, das beim nächsten mal gradlinig wieder zu diesem Treffer leitet. Wäre es aber nicht möglich, hier wirklich im Hinblick auf unser oben durchgeführtes Menschenbeispiel auch den Anfang und die Vorstufe der echten Intelligenzwahl im Tier zu sehen?

Denn wieder ist dabei wichtig, dass es sich auch hier schon nicht um einen reinen „Zufall" handelt. Zwischen den begehrenden Grundtrieb des Tiers (etwa der Amöbe in jenem Beispiel) und das Erreichen des Ziels bleibt ja im Sinne unserer Betrachtung immer noch die besondere Handlung der „Probierbewegung" selbst eingeschaltet, die ganz wie bei jener blinden Kletterpflanze so lange rastlos schwingt, bis sich die Zielnähe kundgibt. Der Impuls dieser Zwischenhandlung wäre die eigentliche Grundlage aller persönlichen Wahlfähigkeit überhaupt — mag sie nun nachher auf äußeres oder verfeinert inneres Abticken des Wahlzeigers sich einstellen.

Es ließe sich natürlich dabei die letzte Frage aufwerfen, wie dieser Probierwahlimpuls im tiefsten Grunde selbst aufzufassen wäre. Könnte er selber auch ein ganz allgemein angeborener Instinkt sein, dessen Wesen wäre, diesmal nicht auf eine bestimmte Richtung zu lenken, sondern vor ewig fließenden Anforderungen auch fließend zu reagieren? In dem Fall beruhte die Intelligenz zuletzt auch auf Instinkt, und der Mensch wäre auch nur im tiefsten ein ganz raffiniertes Instinktwesen, das bloß den Instinkt eben dieser persönlichen Wahl auf den Gipfel getrieben hätte. Die Zwecklinie der menschlichen Intelligenz wäre dann insofern erklärt, als sie selbst nur unter die auch sonst ja sichtbare Zweckmäßigkeit aller Instinkte fiele, wobei allerdings diese Zweckmäßigkeit der Instinkte selber im Sinne des früher Gesagten ihrem Ursprung nach das bezeichnet, für uns noch offene Problem bliebe. Während umgekehrt der Anhänger der Idee, dass aller Instinkt doch zuletzt irgendwie aus automatisch gewordenem Lernen nach vorausgegangenem Zufalldurchprobieren stamme, die Wurzel der Intelligenz mit ihrer dunklen Suche zum Zweck in diesem Probieren als die ursprüngliche ansehen müsste, aus der auch der einseitige Instinktzweig sich als wesentlich tierischer Ableger entwickelt hätte, während der Hauptspross endlich im Menschen zur Blüte gekommen. Es ist sicherlich interessant, dass auch hier die oben erwähnten Grundfragen noch einmal alle anklingen.

Offenbar ist die Intelligenzfrage selbst zuletzt nicht zu lösen ohne die Instinktfrage, und sie geht mit ihr einstweilen nach unten in ein nicht gelöstes Gesamträtsel der grundlegenden Lebensnatur ein.

Hinweisen will ich bloß noch auf die anregende Analogie, die sich auch bei diesem einfachsten Wahlprobieren sichtbar wieder aufdrängt, wie im „Lernen" eine persönliche Parallele aufzutauchen schien zu der Vererbung im Leben der Art, so erscheint in diesem persönlichen Abtasten der verschiedenen Möglichkeiten zur Wahl eine solche zu dem Variieren der Keimanlagen bei Darwin. Es läge nahe, auch hier noch einige kühneren Schlüsse zu wagen (z. B. ob im Sinne des eben Angedeuteten das Variieren gleichsam herausgelockt und verdichtet werden könnte durch das Bedürfnis vor neuen Anforderungen selbst, im

Sinne, wie die hungrige Amöbe Versuchsbewegungen schafft) — doch möchte ich den Leser nicht in zu weite Gründe der Theorie als auch einer solchen wissenschaftlichen „Versuchsbewegung" verlocken.

Denn unsere eigentliche Aufgabe hier ist ja doch nicht, die letzte Frage zu lösen, was Intelligenz sei — oder die noch schwierigere, wie Zweck in die Natur kommt, sondern wir fragten, ob auch im Tier schon irgend etwas zur Intelligenz zu führen scheine. Ich denke doch, dass wir nach dem Gesagten, wie auf eine Kraft zum persönlichen Lernen, so auch auf einen Impuls zu persönlicher Wahl sehen, der ebenfalls dort bis in die Anfänge hinunter geht. Zunächst nur im Sinne solchen Impulses zu einer äußerlichen Versuchswahl. Aber damit doch bereits entscheidend im Betracht einer Möglichkeit der Menschwerdung. Denn auch der Mensch hat noch Momente, wie wir gesehen haben, wo ihm nichts bleibt als diese praktische Versuchswahl, wo er noch kaum weiter ist, als einst die Amöbe war. In solchem Moment schließt sich der Ring und wir ahnen, dass der Mensch in all seiner strahlenden Höhe doch auch geistig und auf der Seite der Intelligenz aus dem Tier (sagen wir zuletzt solcher Amöbe) kommen konnte.

Aber auch dann erhebt sich noch eine Frage - nicht mehr die absolut entscheidende, aber doch zweifellos auch noch eine ungemein anziehende und bedeutsame zugleich für den wahren Umfang und Gehalt der Tierseelenkunde überhaupt.

Ob nämlich auch jene innere Wahl, die doch erst der wahren Krönung menschlicher Intelligenz, nämlich echtem „Wahldenken", entspricht, ebenfalls bereits im Tier vollzogen sei? Es müsste ja nicht sein, um doch unser Spiel für den Menschen zu retten. Auch das höchste Tier könnte, wie schon einmal angedeutet, ein so mangelhaft organisiertes Gehirn haben, dass es zu dieser Innenwahl nirgendwo imstande wäre. Es könnte, um das Bild noch einmal zu gebrauchen, kein Lebewesen unterhalb uns selbst bereits fähig sein, seinen im Kreise tastenden Spross bereits im hellen Wahlfeld des eigenen hoch entwickelten Gehirns rundlaufen zu lassen anstatt in der blinden Zufälligkeit der Außengelegenheiten.

Es könnte ...

Ungezählten Tierbeobachtern, besonders solchen, die nicht mit zu viel Theorie belastet waren und daher um so frischere Augen mitbrachten, ist wenigstens bei einem engeren Kreis höherer und höchster Tiere immer wieder wahrscheinlich geworden, dass sie doch auch innerlich wählen, denkend wählen, durch solche Vorwahl einen Schluss ziehen und damit auch vor einer neuen Aufgabe zweckgerecht geradeaus handeln. Da wir im Allgemeinen annehmen und wohl mit Recht annehmen, dass noch kein Tier eine Begriffssprache im Menschensinne besitzt, werden wir auch damit noch kein klares Begriffsleben im Tiergehirn voraussetzen — ein Tier, das so dächte, wäre eben bereits ein Mensch. Wir werden also auch diese Frage auf ihre einfachste Formel bringen müssen — aber hat jene Ansicht dann recht ...?

Der zweite Gorilla, der Deutschland lebend erreichte

Von Dr. J. Falkenstein

„Wie so oft glückliche Ereignisse von kleinen Zufälligkeiten abhängen, so sollte auch uns durch die beschleunigte Reise noch am Schluss ein Resultat zuteilwerden, das mehr als alle glücklich überwundenen Schwierigkeiten, mehr als alle wissenschaftlichen Forschungen zusammengenommen die Loango-Expedition[2] in weiteren Kreisen bekannt gemacht hat. Als ich am zweiten Oktober (1875) Pontanegra erreichte und in das Magazin des Portugiesen Laurentino Antonio dos Santos trat, und einige Zeuge und Rum zu entnehmen, fand ich einen jungen Gorilla, den wir leider vorher vergeblich im Wald zu erhalten gesucht hatten, an der Brückenwaage gefesselt vor. Vor wenigen Tagen hatte ihn ein Schwarzer, der die Mutter geschossen hatte, aus dem Innern gebracht, und man suchte ihn nun, so gut es ging, so lange zu ernähren, bis der nächste vorbeipassierende Dampfer ihn für einen möglichst hohen Preis mit nach Europa nehmen konnte. Es war ein junges Männchen, das elend genug aussah, weil es bisher von den vorgesetzten Waldfrüchten wenig genossen hatte, und es wäre zweifellos zugrunde gegangen wie seine Vorgänger bei ähnlichen früheren Versuchen, wenn man es in diesem Zustand an Bord eines Schiffes gebracht hätte.

---

2   Die Loango-Expedition. Zweite Abteilung. Von Dr. F. Falkenstein. Leipzig 1888.

68

Schon jetzt glaubte ich nicht, dass es möglich sein würde, das Tier am Leben zu erhalten, hoffte jedoch, es bis Tschintschotscho zu bringen, um wenigstens die erste Fotografie eines lebenden Gorilla aufnehmen zu können, und bot daher jeden erschwingbaren Preis, wenn er mir überlassen würde. Herr Laurentino lehnte dies jedoch ab mit dem Bemerken, dass er sich freue, mir im Namen aller seiner Landsleute, die ich stets so uneigennützig behandelt und gepflegt hätte, eine Anerkennung zuteilwerden zu lassen; er bäte mich herzlich, den Affen als Geschenk von ihm anzunehmen. Da ich den Wert des Gorillas kannte, im Fall es gelingen sollte, ihn lebend nach Europa zu führen, sträubte ich mich anfänglich, von der Liebenswürdigkeit Gebrauch zu machen, ließ jedoch bald dem wahrhaft herzlichen Anerbieten gegenüber und in der Erwägung, dass in anderen Händen der Wert doch ein sehr fraglicher war, jedes Bedenken schwinden und verabschiedete mich mit ihm unter lebhaftem Dank, den ich hier, nachdem die damals bewiesene Uneigennützigkeit so herrliche Früchte für die afrikanische Gesellschaft getragen hat, noch einmal in wärmster Weise wiederhole.

Auf der Station angekommen, war es meine erste Sorge, alle erreichbaren Waldfrüchte holen zu lassen und eine Mutterziege zu erwerben, um die ziemlich gesunkenen Kräfte des jungen Anthropomorphen zu heben: selbstverständlich verfolgten wir seine Fressversuche mit großem Interesse und fühlten uns in hohem Grade erleichtert, als er nicht nur die Milch mit Behagen trank, sondern auch verschiedene Früchte, namentlich aber die walnussgroßen der knorrigen, in den Savannen wachsenden Anona senegalensis mit sichtlich erwachtem Appetit auswählte. Trotzdem blieb er noch längere Zeit so matt, dass er während des Fressens einschlief und den größten Teil des Tages in einer Ecke zusammengekauert schlafend verbrachte. Nach und nach gewöhnte er sich an die Kulturfrüchte wie Bananen, Guaven, Orangen, Mango und begann, je kräftiger er wurde und je öfter er bei unseren Mahlzeiten zugegen war, alles, was er genießen sah, selbst gleichfalls zu versuchen. Indem er so allmählich dahin gebracht wurde, jegliche Nahrung anzunehmen und zu vertragen, wuchs die Aussicht, ihn glücklich nach Europa zu transportieren.

Dies ist gewiss der einzige Weg, später andere und vielleicht ältere Exemplare für die Überfahrt fähig zu machen: jeder Versuch, sie unmittelbar nach der Erlangung, ohne vorherige Entwöhnung von der alten Lebensweise, ohne sie den veränderten Verhältnissen ganz langsam und planmäßig anzupassen, an Bord zu bringen, wird immer wieder von Neuem ein mehr oder weniger schnelles Hinsiechen und den Tod zur Folge haben.

Man darf, in einem sehr verbreiteten Vorurteil befangen, durchaus nicht ängstlich sein, jeder Art von Affen Fleischnahrung in irgendeiner Form zu verabreichen; das lehren sie uns selbst, wenn wir sie im Freien zu beobachten Gelegenheit haben, indem sie mit wahrer Leidenschaft den Insekten, namentlich Spinnen und Heuschrecken nachstellen, aber auch

70

Vögel und Eier eifrig zu erlangen streben. Für Schimpansen sind Ratten Leckerbissen, die sie gegen alle Gelüste der Genossen energisch verteidigen, und ebenso verlangt der Gorilla nach Fleisch, das er zum guten Gedeihen notwendig braucht. Im Wald wird er sich, wenn die Jagd ungünstig ist, vielleicht oft mit Früchten begnügen müssen, wenigstens fand ich bei zwei großen erlegten Schimpansen nur vegetabilische Reste im Magen, doch bin ich überzeugt, dass der Befund ein zufälliger war und dass man bei anderen Gelegenheiten den Nachweis der tierischen Kost leicht wird führen können.

Wenn in anderen Berichten die Wildheit auch junger Gorillas besonders betont und das Unwahrscheinliche ihrer Zähmbarkeit ausgesprochen worden ist, so waren wir bei dem Unsrigen in der Lage, gerade entgegengesetzte Erfahrungen zu machen. Er gewöhnte sich in wenigen Wochen so sehr an seine Umgebung und die ihm bekannt gewordenen Personen, dass er frei herumlaufen durfte, ohne dass man Fluchtversuche hätte zu befürchten brauchen. Niemals ist er angelegt oder eingesperrt worden, und er bedurfte keiner anderen Überwachung als einer ähnlichen, wie man kleinen herumspielenden Kindern angedeihen lässt. Er fühlte sich so hilflos, dass er ohne den Menschen nicht fertig werden konnte und in dieser Einsicht eine wunderbare Anhänglichkeit und Zutraulichkeit entwickelte. Von heimtückischen, bösen, wilden Eigenschaften war keine Spur vorhanden, zuweilen aber zeigte er sich recht eigensinnig. Er hatte verschiedene Töne, um den in ihm sich entwickelnden

Ideen Ausdruck zu geben; davon waren die einen eigentümliche Laute des eindringlichsten Bittens, die anderen solche der Furcht und des Entsetzens. In selteneren Fällen wurde noch ein widerwilliges, abwehrendes Knurren vernommen.

Was Du-Chaillu über das eigentümliche Trommeln der Gorillas berichtet, fanden wir völlig bewahrheitet, da unser 'Mpungu' zu verschiedenen Malen, augenscheinlich im Übermaß des Wohlbefindens und aus reiner Lust, die Brust mit beiden Fäusten bearbeitete, indem er sich dabei auf die Hinterbeine erhob. Außerdem gab er seiner Stimmung häufig in rein menschlicher Weise durch Zusammenschlagen der Hände, das ihn nicht gelehrt worden war, Ausdruck und vollführte zu Zeiten — sich überstürzend, hin und hertaumelnd, sich um sich selbst drehend — so ausgelassene Tänze, dass wir manchmal bestimmt glaubten, er müsse sich auf irgendeine Weile berauscht haben. Doch war er nur aus Vergnügen trunken; nur dies ließ ihn das Maß seiner Kräfte in den übermütigsten Sprüngen erproben.

Besonders auffällig war die Geschicklichkeit und Behutsamkeit, die er beim Fressen an den Tag legte. Kam zufällig einer der übrigen Affen ins Zimmer, so war nichts vor ihnen sicher, alles fassten sie neugierig an, um es dann mit einer gewissen Absichtlichkeit von sich zu werfen oder achtlos fallen zu lassen. Ganz anders der Gorilla: er nahm jede Tasse, jedes Glas mit einer natürlichen Sorgfalt auf, umklammerte das Gefäß mit beiden Händen, während er es zum Mund führte, und setzte es dann leise und vorsichtig wieder nieder, sodass ich mich nicht erinnere, ein Stück unserer Wirtschaft durch ihn verloren zu haben. Und doch haben wir das Tier niemals den Gebrauch der Geräte noch andere Kunststücke gelehrt, damit wir es möglichst naturwüchsig nach Europa brächten. Ebenso waren seine Bewegungen während des Fressens ruhig und manierlich; er nahm von allein nur so viel, als er zwischen dem Daumen, dem dritten und Zeigefinger fassen konnte, und schaute gleichgültig zu, wenn von den vor ihm aufgehäuften Futtermengen etwas weggenommen wurde. Hatte er aber noch nichts erhalten, so knurrte er ungeduldig, beobachtete von seinem Platz bei Tisch aus sämtliche Schüsseln genau und begleitete jeden von den schwarzen Jungen abgetragenen Teller mit ärgerlichem Brummen oder einem kurz hervorgestoßenen grollenden Husten, suchte auch wohl den Arm der Vorbeikommenden zu erwischen, um durch Beißen oder täppisches Schlagen fein Missfallen noch nachdrücklicher kundzutun. In der nächsten Minute spielte er wieder mit ihnen wie mit seinesgleichen und unterschied sich dadurch gänzlich von allen übrigen Affen, namentlich den Pavianen.

Er trank saugend, indem er sich zu dem Gefäß niederbückte, ohne je mit den Händen hineinzugreifen oder es umzustoßen, setzte kleinere jedoch auch an den Mund. Im Klettern war er ziemlich geschickt, doch ließ sein Übermut ihn hin und wieder die gebotene Vorsicht vergessen, sodass er einmal aus den Zweigen eines glücklicherweise nicht hohen Baumes auf die Erde herabfiel. Es scheint aber, als würden die Bäume nur von ihnen erstiegen, um Nahrung zu suchen, während der gewöhnliche Aufenthaltsort der Waldboden ist. Ebenso bleiben sie gewiss nachts auf der Erde und raffen sich von allen Seiten Blätter und Reisig zum Lager zusammen, wie wir es den Unsrigen oft tun sahen. Bemerkenswert war dabei seine Reinlichkeit; denn wenn er zufällig in Spinngewebe oder Abfallstoffe gegriffen hatte, so suchte er sich mit einem komischen Abscheu davon zu befreien oder hielt beide Hände hin, um sich helfen zu lassen. Ebenso zeichnete er sich selbst durch völlige Geruchlosigkeit aus und liebte über alles, im Wasser zu spielen und herumzupatschen. Von all den seine Individualität scharf ausprägenden Eigenschaften verdient seine Gutmütigkeit und Schlauheit oder eigentlich Schalkhaftigkeit hervorgehoben zu werden: war er, wie dies wohl anfänglich geschah, gezüchtigt worden, so trug er die Strafe niemals nach, sondern kam bittend heran, umklammerte die Füße und sah mit so eigentümlichem Ausdruck empor, dass er jeden Groll entwaffnete; wollte er überhaupt etwas erreichen, so konnte kein Kind eindringlicher und einschmeichelnder seine Wünsche zu erkennen geben als er. Wurde ihm trotzdem nicht gewillfahrt, so nahm er seine Zuflucht zur List und spähte eifrig, ob er beobachtet würde. Gerade in solchen Fällen, in denen er mit Beharrlichkeit eine gefasste Idee verfolgte, war ein vorgefasster Plan und richtige Überlegung bei der Ausführung unverkennbar. Sollte er z. B. nicht aus dem Zimmer heraus oder umgekehrt nicht hinein und waren mehrere Versuche seinerseits, seinen Willen durchzusetzen, abgewiesen worden, so schien er sich in sein Schicksal zu fügen und legte sich unweit der betreffenden Tür mit erheuchelter Gleichgültigkeit nieder; bald aber richtete er den Kopf auf, um sich zu vergewissern, ob die Gelegenheit günstig sei, schob sich allmählich näher und näher, indem er, sorgfältig Umschau haltend, sich um sich selbst drehte, richtete sich an der Schwelle angekommen behutsam auf und galoppierte dann, mit einem Sprung darüber setzend, so eilfertig davon, dass man Mühe hatte, ihm zu folgen. Mit ähnlicher Beharrlichkeit verfolgte er sein Ziel, wenn er Appetit nach Zucker oder Früchten, die in einem Schrank des Essraumes aufbewahrt wurden, erwachen fühlte; dann verließ er plötzlich sein Spiel, schlug eine seiner Absicht entgegengesetzte Richtung ein, die er erst änderte, wenn er außer Sehweite gekommen zu sein glaubte. Dann aber eilte er direkt in das Zimmer und zu dem Schrank, öffnete ihn und tat einen behänden, sicheren Griff in die Zuckerbüchse oder die Fruchtschüssel (zuweilen zog er sogar die Schranktüre wieder hinter sich zu), um dann behaglich das Erbeutete zu verzehren oder schleunigst damit zu entfliehen, wenn er entdeckt war; in seinem ganzen Wesen verriet er dabei deutlich das Bewusstsein, auf unerlaubten Pfaden zu wandeln.

Ein eigentümliches, fast kindisch zu nennendes Vergnügen gewährte es ihm, durch Klopfen an hohle Gegenstände Töne hervorzurufen, und selten ließ er eine Gelegenheit vorübergehen, ohne beim Passieren von Tonnen, Schüsseln oder Blechen dagegen zu trommeln; auch trieb er dieses übermütige Spiel sehr häufig während unserer Heimreise auf dem Dampfer, wo er sich ebenfalls frei bewegen durfte. Unbekannte Geräusche waren ihm aber in hohem Grade zuwider. So ängstigte ihn der Donner oder auf das Blätterdach prasselnder Regen, mehr aber noch der lang gezogene Ton einer Trompete oder Pfeife so sehr, dass stets sympathisch eine beschleunigte Verdauung angeregt wurde, die es geraten erscheinen ließ, ihn in möglichster Entfernung von sich zu halten.

Unter fortgesetzter Pflege gedieh unser Schützling zusehends bis zu Anfang Februar 1876; zu dieser Zeit aber befiel ihn eine schwere, mit Konvulsionen verbundene Krankheit, die nur als eine eigentümliche heftige Malaria-Infektion gedeutet werden konnte. Vier Wochen lang fürchteten wir täglich ihn zu verlieren, bis seine außerordentlich kräftige Konstitution und vielleicht der konsequente Gebrauch von Chinin und Kalomel endlich den Sieg davontrug und ihn allmählich der Genesung entgegenführte. Die unendliche Mühe, die Mpungu allen Expeditionsmitgliedern gemacht hatte, wurde reichlich durch die Aufmerksamkeit, die ihm während seines ziemlich anderthalbjährigen Aufenthaltes in Berlin von allen Seiten gezollt wurde, aufgewogen: und wenn ihn auch schließlich die allen Menschenaffen Verderben drohende Lungenkrankheit gleichfalls hinwegraffte, so war dann ein Verlust für die Wissenschaft wenigstens nicht mehr zu beklagen.

Tatsächlich erfolgte der Tod unter den Erscheinungen der galoppierenden Schwindsucht, der sich in seinen letzten Tagen ein heftiger Magen-Darm-Katarrh hinzugesellt hatte."

Das Verhalten von Schimpansen

von Alfred E. Brehm

Ich kann die erstaunlichen Berichte über Schimpansen nach eigener Erfahrung bestätigen und vervollständigen, da ich selbst mehrere Schimpansen jahrelang gepflegt und beobachtet habe. Einen solchen Affen kann man nicht wie ein Tier behandeln, sondern mit ihm nur wie mit einem Menschen verkehren. Ungeachtet aller Eigentümlichkeiten, welche er bekundet, zeigt er in seinem Wesen und Gebaren so außerordentlich viel Menschliches, dass man das Tier beinahe vergisst. Sein Leib ist der eines Tieres, sein Verstand steht mit dem eines rohen Menschen fast auf einer und derselben Stufe. Es würde abgeschmackt sein, wollte man die Handlungen und Streiche eines so hoch stehenden Geschöpfes einzig und allein auf Rechnung einer urteilslosen Nachahmung stellen, wie man es hin und wieder getan hat. Allerdings ahmt der Schimpanse nach; es geschieht dies aber genau in derselben Weise, in welcher ein Menschenkind Erwachsenen etwas nachtut, also mit Verständnis und Urteil. Er lässt sich belehren und lernt. Wäre seine Hand ebenso willig oder gebrauchsfähig wie die Menschenhand, er würde noch ganz anderes nachahmen, noch ganz anderes lernen. Er tut eben, soviel er zu tun vermag, fuhrt das aus, was er ausführen kann; jede seiner Handlungen aber geschieht mit Bewusstsein, mit entschiedener Überlegung. Er versteht, was ihm gesagt wird, und wir verstehen auch ihn, weil er zu sprechen weiß, nicht mit Worten allerdings, aber mit so ausdrucksvoll betonten Lauten und Silben, dass wir uns über sein Begehren nicht täuschen. Er erkennt sich und seine Umgebung und ist sich seiner Stellung bewusst. Im Umgang mit dem Menschen ordnet er sich höherer Begabung und Fähigkeit unter, im Umgang mit Tieren bekundet er ein ähnliches Selbstbewusstsein wie der Mensch. Er hält sich für besser, für höher stehend als andere Tiere, namentlich als andere Affen. Sehr wohl unterscheidet er zwischen erwachsenen Menschen und Kindern: erstere achtet, Letztere liebt er, vorausgesetzt, dass es sich nicht um Knaben handelt, welche ihn necken oder sonst wie beunruhigen. Er hat witzige Einfälle und erlaubt sich Späße, nicht bloß Tieren, sondern auch Menschen gegenüber. Er zeigt Teilnahme für Gegenstände, welche mit seinen natürlichen Bedürfnissen keinen Zusammenhang haben, für Tiere, welche ihn sozusagen nichts angehen, mit denen er weder Freundschaft anknüpfen noch in irgendein anderes Verhältnis treten kann. Er ist nicht bloß neugierig, sondern förmlich wissbegierig. Ein Gegenstand, welcher seine Aufmerksamkeit erregte, gewinnt an Wert für ihn, wenn er gelernt hat, ihn zu benutzen. Er versteht Schlüsse zu ziehen, von dem einen auf etwas anderes zu folgern, gewisse Erfahrungen zweckentsprechend auf ihm neue Verhältnisse zu übertragen. Er ist listig, sogar verschmitzt, eigenwillig, jedoch nicht störrisch; er verlangt, was ihm zukommt, ohne rechthaberisch zu sein, bekundet Launen und Stimmungen, ist heute lustig und aufgeräumt, morgen traurig und mürrisch. Er unterhält sich in dieser und langweilt sich in jener Gesellschaft, geht auf passende Scherze ein und weist unpassende von sich. Seine Gefühle drückt er aus wie der Mensch. In heiterer Stimmung lacht er freilich nicht, aber er schmunzelt doch wenigstens, d. h. verzieht sein Gesicht und nimmt den unverkennbaren Ausdruck der Heiterkeit an. Trübe Stimmungen dagegen verkündet er ganz in derselben Weise wie ein Mensch, nicht allein durch seine Mienen, sondern auch durch klägliche Laute, welche jedermann verstehen muss, weil sie menschlichen mindestens in demselben Grade ähneln wie tierischen. Wohlwollen erwidert er durch die gleiche Gesinnung, Übelwollen womöglich in eben derselben Weise. Bei Kränkungen gebärdet er sich wie ein Verzweifelter, wirft sich mit dem Rücken auf den Boden, verzerrt sein Gesicht, schlägt mit Händen und Füßen um sich, kreischt und rauft sich sein Haar. Andere Affen bekunden ähnliche Geistesfähigkeiten: beim Schimpansen aber erscheint jede Äußerung des Geistes klarer, verständlicher, weil sie dem, was wir beim Menschen sehen, entschieden ähnlicher ist als die Verstandesäußerung jener Tiere.

Der Schimpanse, welcher, während ich diese Zeilen in die schnellläufige Feder des Eilschreibers fließen lasse, in meinem Zimmer umhergeht und sich nach Herzenslust unterhält, langte in der traurigsten Verfassung an. Er war ermüdet und ermattet von der Reise, krank und leiblich und geistig herabgekommen. In dieser Lage verlangte er die sorgsamste Pflege, eine solche, wie man einem kranken Kind angedeihen lässt, und erhielt diese und eine treffliche Erziehung durch einen der ausgezeichnetsten Tierpfleger, meinen alten Freund Seidel, in der freundlichsten Weise. Kein Wunder, dass er an diesem Mann hängt wie ein Kind an seiner Mutter, dass er sich seinen Wünschen fügt und in überraschend kurzer Zeit zu dem folgsamsten Pflegling unter der Sonne geworden ist. Namentlich seitdem er seine Krankheit vollständig überwunden hat, zeigt er sich als ganz anderes Geschöpf als vorher. Er ist rege und tätig ohne Unterlass, vom frühen Morgen bis zum späten Abend, sucht sich ununterbrochen mit irgendetwas zu beschäftigen, und sollte er auch nur mit seinen Händen klatschend auf seine Fußsohlen klopfen, ganz so wie Kinder es ebenfalls zu tun pflegen. So ungeschickt er zu sein scheint, wenn er geht, so gewandt und behänd ist er wirklich, und zwar bei jeder Bewegung. In der Regel geht er in der sämtlichen Menschenaffen eigenen Weise auf allen vieren, und zwar mit schiefer Richtung seines Leibes, indem er sich mit den Händen auf die eingeschlagenen Knöchel stützt und entweder ein Hinterbein zwischen dm Vorderarmen und eins außerhalb derselben setzt oder beide Hinterbeine zwischen die Vorderarme schiebt. Trägt er jedoch etwas, so richtet er sich fast zu voller Höhe auf, stützt sich nur mit einer Hand auf den Boden und bewegt sich dann eigentlich ebenso geschickt wie sonst. Wirklich aufrecht, also nur auf beiden Beinen allein, ohne sich mit einem Arme zu stützen, geht er bloß dann, wenn er in besondere Erregung gerät, beispielsweise wenn er glaubt, dass sich sein Pfleger von ihm entfernen wolle, ohne ihn mitzunehmen. Bei dieser Bewegung hält er die im Armgelenk gebogenen Hände seitlich vom Kopfe ab nach oben, um das Gleichgewicht herzustellen. Der Gang auf allen vieren sieht äußerst holperig aus, fördert aber verhältnismäßig rasch genug und jedenfalls mehr, als ein Mensch zu laufen imstande ist. Eigentliche Beweglichkeit und Behändigkeit entfaltet er aber doch nur im Klettern, und hierin unterscheidet er sich, wie wahrscheinlich alle übrigen Menschenaffen, wesentlich von seinen Ordnungsverwandten. Er klettert nach Art eines Menschen, nicht nach Art eines Tieres, und turnt in der ausgezeichnetsten Weise. Mit seinen Armen ergreift er einen Ast oder sonstigen Halt und schwingt sich nun mit überraschender Gewandtheit über ziemlich weite Entfernungen weg, macht auch verhältnismäßig große Sätze, immer aber so, dass er mit einer Hand oder mit beiden einen neuen Halt ergreifen kann. Die Füße spielen beim Klettern und Turnen den Händen gegenüber eine untergeordnete Rolle, obgleich sie selbstverständlich ebenfalls in Mitleidenschaft gezogen und die höchst beweglichen Zehen gebührend benutzt werden. Mit dem ihm gebotenen Turngerät macht er sich vom Morgen bis zum Abend zu schaffen und weiß ihm fortwährend neue Seiten der Verwendung abzugewinnen. Er schaukelt sich minutenlang mit Behagen, klettert an seiner hängenden Leiter auf und ab, setzt diese in Bewegung, geht am Reck, mit den Händen festhängend, hin und her und führt andere Turnkünsteleien mit vollendeter Fertigkeit aus, ohne jemals im geringsten unterrichtet worden zu sein. So sicher er sich auf diesen ihm bekannten Turngeräten fühlt, so ängstlich gebärdet er sich, wenn er auf einen Gegenstand klettert, welcher ihm nicht fest genug zu sein scheint; ein wackeliger Stuhl z. B. erregt sein höchstes Bedenken. Den Händen fällt der größte Teil aller Arbeiten zu, welche er verrichtet. Mit ihnen untersucht und betastet, mit ihnen packt er Gegenstände, während der Fuß nur aushilfsweise als Greifwerkzeug benutzt wird. Er gebraucht seine Hände im wesentlichen ganz so wie ein Mensch und unterscheidet sich von diesem hauptsächlich darin, dass er die einzelnen Finger der Hand unter sich weniger als der Mensch bewegt, d. h. gewöhnlich mit dem Daumen und der übrigen ganzen Hand zugreift; doch wendet er bei genaueren Untersuchungen sehr regelmäßig auch den Zeige- oder Mittelfinger an.

Winwood Reade erzählt, dass ihm auf die Frage, ob sich der Gorilla auf die Brust schlage und ein Geräusch wie das einer Trommel hervorbringe, erwidert worden sei, der Gorilla habe keine Trommel, wohl aber der Schimpanse; dass man ihn dann, als er die Trommel zu sehen gewünscht, zu einem hohlen Baum geführt und ihm gezeigt habe, wie der Schimpanse diesem durch Stampfen mit den Beinen einen trommelnden Ton zu entlocken wisse. Der Bericht der Schwarzen ist gewiss vollständig richtig; denn auch der zahme Schimpanse tut dasselbe, indem er bei heiterer Stimmung, gleichsam um seinen Übermut auszulassen, nicht bloß mit den Händen den Boden schlägt, wie andere Affen es ebenfalls tun, sondern auch mit den Beinen auf- und niedertrampelt, besonders da, wo es tönt, und damit allerdings ein trommelndes Geräusch hervorbringt. Er zeigt sich wahrhaft entzückt, wenn sich ein Mensch herbeilässt, in derselben Weise wie er zu klopfen, ja er fordert Bekannte geradezu auf, derartig mit ihm zu spielen.

Mein Schimpanse kennt seine Freunde genau und unterscheidet sie sehr wohl von Fremden, befreundet sich aber bald mit allen, welche ihm liebreich entgegenkommen. Am behaglichsten befindet er sich im Kreis einer Familie, namentlich wenn er aus einem Zimmer ins andere gehen, Türen öffnen und schließen und sich sonst wie zu unterhalten vermag. Man vermeint es ihm anzusehen, wie gehoben er sich fühlt, wenn er sich einmal frei unter ihm wohlwollenden Menschen bewegen und mit ihnen am Tisch sitzen darf. Merkt er, dass man auf seine Scherze eingeht, so beginnt er mit seinen Händen auf den Tisch zu klopfen und freut sich höchlich, wenn seine Gastgeber ihm folgen. Außerdem beschäftigt er sich mit genauer Untersuchung aller denkbaren Gegenstände, öffnet die Ofentüre, um sich das Feuer zu betrachten, zieht Kisten heraus, kramt sie aus und spielt mit dem, was er hier findet, vorausgesetzt, dass es nicht verdächtig erscheint; denn er ist im hohen Grade ängstlich und kann sich vor einem Gummiball entsetzen. Sehr genau merkt er, ob er beobachtet wird oder nicht. Im ersteren Fall tut er nur das, was ihm erlaubt wird, im letzteren lässt er sich mancherlei Übergriffe zuschulden kommen, gehorcht aber, wenn sein Pfleger ihm etwas verbietet, auf das bloße Wort hin, obschon nicht immer sogleich. Lob feuert ihn an, namentlich wenn es sich um Schwingen und Turnen handelt. Beschenkt oder freudig überrascht, beweist er sich dankbar, indem er, ohne gerade hierzu abgerichtet oder gelehrt worden zu sein, seinen Arm zärtlich um die Schulter des Wohltäters legt und ihm eine Hand oder echt menschlich auch einen Kuss gibt. Genau dasselbe immer, wenn er des Abends aus seinem Käfig genommen und auf das Zimmer gebracht wird. Er kennt die Zeit und zeigt sich schon eine Stunde, bevor er in sein Zimmer zurückgebracht wird, höchst unruhig. In dieser letzten Stunde darf sein Pfleger sich nicht entfernen, ohne dass er in ausdrucksvolles Klagen ausbricht oder sich auch wohl verzweifelnd gebärdet, indem er sich, wie beschrieben, auf den Boden wirft, mit Händen und Füßen strampelt und ein unerträgliches Kreischen ausstößt. Dabei beachtet er die Richtung, in welcher sich sein Pfleger bewegt, genau und bricht nur dann in Klagen aus, wenn er meint, dass jener ihn verlassen wolle. Wird er getragen, so setzt er sich wie ein Kind auf den Arm seines Pflegers, schmiegt den Kopf an dessen Brust und scheint sich außerordentlich behaglich zu fühlen. Von nun an hat er anscheinend bloß den einen Gedanken, sobald als möglich auf sein Zimmer zu kommen, setzt sich hier auf das Sofa und betrachtet seinen Freund mit treuherzigem Blicke, gleichsam als wolle er in dessen Gesicht lesen, ob dieser ihm heute Abend wohl Gesellschaft leisten oder ihn allein lassen werde. Wenn er das Erstere glaubt, fühlt er sich glücklich, wogegen er sich, wenn er das Gegenteil merkt, sehr unglücklich gebärdet, ein betrübtes Gesicht schneidet, die Lippen weit vorstößt, jammernd aufschreit, an dem Pfleger emporklettert und sich krampfhaft an ihm festhält. In solcher Stimmung hilft auch freundliches Zureden wenig, während dieses sonst die vollständigste Wirkung auf ihn äußert, ebenso wie er sich ergriffen zeigt, wenn er ausgescholten wurde. Man darf wohl sagen, dass er die an ihn gerichteten Worte vollständig versteht; denn er befolgt ohne Zögern die verschiedensten Befehle und beachtet alle ihm zukommenden Gebote; doch gehorcht er eigentlich nur seinem Pfleger, nicht aber Fremden, am wenigsten wenn diese sich herausnehmen, in Gegenwart seines Freundes etwas von ihm zu verlangen.

In hohem Grad anziehend benimmt er sich Kindern gegenüber. Er ist an und für sich durchaus nicht bösartig oder gar heimtückisch und behandelt eigentlich jedermann freundlich und zuvorkommend, Kinder aber mit besonderer Zärtlichkeit, und dies um so mehr, je kleiner sie sind. Mädchen bevorzugt er Knaben, aus dem einfachen Grund, weil Letztere es selten unterlassen können, ihn zu necken; und wenn er auch auf solche Scherze gern eingeht, scheint es ihn doch zu ärgern, sich von so kleinen Persönlichkeiten gefoppt zu sehen. Als er zum ersten mal meinem sechswöchigen Töchterchen gezeigt wurde, betrachtete er zunächst das Kind mit sichtlichem Erstaunen, als ob er sich über dessen Menschentum vergewissern müsse, berührte hierauf das Gesicht überaus zart mit einem Finger und reichte schließlich freundlich die Hand hin. Dieser Charakterzug, welchen ich bei allen von mir gepflegten Schimpansen beobachtet habe, verdient besonders deshalb hervorgehoben zu werden, weil er zu beweisen scheint, dass unser Menschenaffe auch im kleinsten Kind immer noch den höher stehenden Menschen sieht und anerkennt. Gegen seinesgleichen benimmt er sich keineswegs ebenso freundlich. Ein junges Schimpansenweibchen, welches ich früher pflegte, zeigte, als ich ihm ein junges Männchen seiner Art beigesellte, keine Teilnahme, kein Gefühl von Freude oder Freundschaft für dieses, behandelte das schwächere Männchen im Gegenteil mit entschiedener Rohheit, versuchte es zu schlagen, zu kneipen, überhaupt zu misshandeln, sodass beide getrennt werden mussten. Ein solches Betragen hat sich keiner der von mir gepflegten Schimpansen gegen Menschenkinder zuschulden kommen lassen.

Abweichend von anderen Affenarten ist er munter bis in die späte Nacht, mindestens solange, als das Zimmer erleuchtet ist. Das Abendbrot schmeckt ihm am besten, und er kann deshalb nach seiner Ankunft im Zimmer kaum erwarten, dass die Wirtschafterin ihm den Tee bringt. Erscheint sie nicht, so geht er zur Tür und klopft laut an diese an; kommt jene, so begrüßt er sie mit freudigem „Oh! oh!", bietet ihr auch wohl die Hand. Tee und Kaffee liebt er sehr, den echteren stark versüßt und mit etwas Rum gewürzt, wie er überhaupt alles genießt, was auf den Tisch kommt, und sich auch an Getränken, namentlich an Bier, gütlich tut. Beim Essen stellt er sich auf das Sofa, stützt beide Hände auf den Tisch und legt sich mit dem einen Arme auf, nimmt mit der einen Hand die Obertasse von der unteren, schlürft mit Behagen den flüssigen Inhalt und geht dann erst zu den eingebrockten Brotstückchen über. So weit er diese erlangen kann, zieht er sie mit den Lippen an sich; geht es auf die Neige, so bedient er sich, da ihm untersagt ist, mit den Händen zuzulangen, des Löffels mit Geschick. Während des Essens zeigt er sich aufmerksam auf alles, was vorgeht, und seine Augen sind ununterbrochen nach allen Seiten gerichtet. Wie andere junge Tiere seiner Art hat er zuweilen natürlich zu erklärende Gelüste, isst z. B. eine größere Menge Salz, ein Stück Kreide, eine Handvoll Erde; niemals aber habe ich an ihm die abscheuliche Unart, den eigenen Kot zu verschlingen, bemerkt, wie solches an Affen, einschließlich seiner Art- und Sippschaftsgenossen, und ebenso zuweilen an Menschenkindern beobachtet worden ist. Der innige Umgang mit ernst und verständig erziehenden Menschen hat seine Sitten auch in dieser Hinsicht veredelt und vielleicht vorhanden gewesene hässliche Gelüste im Keime erstickt.

Nachdem er gespeist, will er sich in seiner Häuslichkeit noch ein wenig vergnügen, jedenfalls noch nicht zu Bett gehen. Er holt sich ein Stück Holz vom Ofen oder zieht die Hausschuhe seines Pflegers über die Hände und rutscht so im Zimmer umher, nimmt ein Hand- oder Taschentuch, hängt sich dasselbe um oder wischt und scheuert das Zimmer damit. Scheuern, Putzen, Wischen sind Lieblingsbeschäftigungen von ihm, und wenn er einmal ein Tuch gepackt hat, lässt er es sich nur ungern wieder nehmen. Anfangs sehr unreinlich hat er sich bald daran gewöhnt, seinen Käfig, das Zimmer und das Bett nicht mehr zu beschmutzen; und wenn er einmal das Missgeschick hat, in Schmutz zu treten, zeigt er sich sehr verdrießlich, gebärdet sich genau wie ein Mensch in gleichem Fall, betrachtet mit entschiedenem Ekel den Fuß, hält ihn so weit als möglich von sich, schüttelt ihn ab und nimmt dann eine Handvoll Heu, um sich damit zu reinigen. Ja, es ist bemerkt worden, dass er Letzteres, nachdem es Dienste getan, zur Tür seines Käfigs hinauswarf.

Sobald das Licht ausgelöscht wird, legt er sich zu Bett, weil er sich im Dunkeln fürchtet. Er schläft ruhig die Nacht hindurch, streckt und reckt sich aber mitunter, namentlich wenn es ihm zu kalt oder zu warm wird. In schwülen Sommernächten ruht er lang gestreckt auf dem Rücken, beide Hände gleichseitig unter den Kopf gesteckt; im Winter hingegen liegt er mehr zusammengekauert. Mit Tageshelle ermuntert er sich und ist von nun an wieder so rege als tags vorher.

Mit anderen Tieren pflegt er wenig Umgang. Größere fürchtet er, kleine missachtet er. Ein Kaninchen, welches ihm zum Spielen beigegeben wurde, misshandelte er ebenso wie das erwähnte Weibchen das zu ihm gesetzte Männchen der eigenen Art. Vögel lassen ihn gleichgültig, falls sie nicht in besonders naher Beziehung zu seinem Gebieter stehen und dadurch seine Teilnahme erregen. In seinem Zimmer befindet sich ein Graupapagei, mit welchem er sich stets zu schaffen macht. So furchtsam er selbst ist, so kann er es doch nicht unterlassen, diesen zu ängstigen. Leise schleicht er an das Bauer heran, hebt plötzlich eine Hand hoch und tut, als ob er seinen Gefährten erschrecken wolle. Dieser aber ist viel zu sehr an ihn gewöhnt, als dass er sich fürchten sollte, und hat für den Schimpansen ergötzlicherweise nur ein verbietendes „Pst! pst!", welches er seinem Herrn abgelauscht, zur Antwort. Vor Schlangen und anderen Kriechtieren sowie vor Lurchen hat er eine lächerliche Furcht und gebärdet sich ihnen gegenüber fast in derselben Weise wie nervenschwache Frauenzimmer oder verbildete Männer. Schon ihr Anblick verursacht ihm Entsetzen. Zeige ich ihm Krokodile, so ruft er halb ängstlich, halb ärgerlich „Oh! oh!" und sucht sich schleunigst zu entfernen; lasse ich ihn Schlangen durch eine Glasscheibe betrachten, so stößt er denselben Ruf aus, versucht sich aber nur ausnahmsweise zu entfernen, weil er die Bedeutung des trennenden Glases genau kennt; nehme ich aber eine Schildkröte, Eidechse oder Schlange in die Hand, so eilt er im schnellsten Lauf davon, um sich zu sichern. Alles schlangenähnliche Getier ist ihm unheimlich.

Heute, während ich diese Zeilen überlese, weilt das vortreffliche Tier nicht mehr unter den Lebenden. Eine Lungenentzündung, welche auf eine Halsdrüsengeschwulst folgte, hat seinem Dasein ein Ende gemacht. Ich habe mehrere Schimpansen krank und einige von ihnen sterben sehen: Keiner von allen hat sich in seinen letzten Lebenstagen so menschlich benommen wie dieser eine.

Köhlers Intelligenzprüfungen an Schimpansen

Von Wilhelm Bölsche

In diesem Kapitel möchte ich meine Erzählung gänzlich unter des Lebens goldenen Baum stellen. Möchte von systematischen Beobachtungsergebnissen berichten, die nicht dem alten Schäfer Thomas oder einem verwegenen Förster am Stammtisch verdankt sind, sondern alle Kennzeichen solider deutscher Wissenschaft im besten Sinne an sich tragen.

Seit den Tagen der Antike lebte in der Kulturmenschheit der Traum, dass es ganz an der Spitze des Tierreichs noch eine engere Vermittlungsgruppe zum Menschen selbst gebe. Über Waldmenschen mit Spitzohren und Bocksbeinen der Sage wurden daraus im 17. und 18. Jahrhundert unsere großen Menschenaffen, dabei die beiden schwärzlichen Afrikaner Gorilla und Schimpanse. Der Reisende Battel hat sie beide bereits auf der Wende zum 17. Jahrhundert durchaus wohl erkennbar geschildert, den Riesen Gorilla bis zu Übermenschenmaß und den kleineren Schimpansen, der aber im alten Männchen doch auch gute Menschengröße erreichen kann. Während Linné noch an einen wirklichen satyrhaften „Affenmenschen" glaubte, zeichnete der große Buffon nach dieser und anderen Quellen das erste wahre Bild des „Menschenaffen". Kein Zweifel, dass es Tiere waren, aber Tiere, die sich noch einmal vom echten Affen fast so stark abhoben in der Linie auf den Menschen zu, wie dieser Affe vom niederen Säugetier. Seither ist die Anteilnahme an ihnen immer mehr gewachsen. Als die tierische Abstammung des Menschen durch Darwin endlich auch eine streng wissenschaftliche Frage wurde, schien nur der Menschenaffe unmittelbar dafür in Betracht zu kommen, wieder in neuerer Zeit könnte man aber wohl sagen, dass jener kleinere Afrikaner, der Schimpanse (lateinisch Ran), auch in diesem Sinne nochmals immer bedeutsamer geworden sei.

Eine unmittelbare geschichtliche Herkunft des Menschen von einem der noch lebenden Menschenaffen hatte zwar Darwin selbst bereits abgelehnt. Aber der Schimpanse wies doch Züge aus, als pendele er mindestens von den lebenden verdächtig nahe zu der verschollenen Urform. Von den inzwischen bekannt gewordenen ausgestorbenen Menschenaffen der Tertiärzeit ähnelt der menschenhafteste, der Dryopithekus, am meisten den heutigen Afrikanern, und in der Größe ist er ein Schimpanse. Der so heiß nach wie vor umstrittene Pithekanthropus, für viele der noch affenhafteste Übergangsmensch altdiluvialer Tage, ist im Schädelbau von Schwalbe mit Schimpansenzügen ausgestattet worden. Im Verfolg des berühmten Friedenthalschen Blutversuchs (nach dem sich Menschenblut mit Menschenaffenblut verträgt) scheint eine ganz feine Reaktion Schimpansenblut noch einmal als am engsten mit Menschenblut verwandt zu erweisen. Dazu kommen mancherlei Züge der Lebensführung. Wir sind allmählich darüber unterrichtet worden, dass das ganze Art-und Lebensbild des Schimpansen noch heute unvergleichlich viel reicher ist, als man je ahnen konnte. Der Schimpanse (das Wort Tschimpän-so bedeutet ursprünglich so viel wie Wurzelgräber) ist in vielleicht zwanzig und mehr örtlichen Unterarten fast durch das ganze riesige Tropengebiet Afrikas querdurch verbreitet, in allen möglichen Varianten: dunkel- und hellgesichtig, kahlköpfig und hübsch ge-scheitelt, bärtig und unbärtig, gorillahaft größer und dann wieder zierlicher, mehr rein schwarz oder mehr fuchsig und grau. Wie wir's vom Urmenschen sicher vermuten müssen, ist auch er besonders im Jugend-volk ein geselliges Tier, dessen muntere Spielhorden in ihren Urwäldern gemeinsame Brüllkonzerte geben und wahre Schuhplattler tanzen. Obgleich die Hand mit dem schlechten Daumen noch eine ausgesproche-ne Baumhand ist, bewegt er sich doch gern und nicht ohne Geschick auch krumm aufrecht am Boden.

Mancher Zug wirkt auch an ihm gewiss noch in-stinktiv, so, wenn er sich gleich andern Menschenaf-fen für die Nacht regelmäßig aus abgebrochene» Zweigen ein Schlaflager im Baum herstellt. Aber schon früh machten gerade Schimpansen, die gefan-gen zu uns herüber kamen, doch auch mehr als jedes andere Tier Lust und Mut zu verwegenen Gedanken über persönliche „Intelligenz". In den zoologischen Gärten lernte man, dass jedes Exemplar, das so durch längere Anwesenheit und Heranreifen näher trat, ei-nen wirklichen individuellen Charakter darstellte -- wer, der die Schimpansin „Missie" im Berliner Affen-haus während der 16 Jahre ihres Lebens dort gekannt, hätte nicht diesen persönlichsten Eindruck bewahrt? Und an solche Persönlichkeit schienen nun auch die geradezu unwahrscheinlichsten Leistungen bereits von Lernen wie verstandesartigem Berechnen anzuschließen. Die Naturgeschichten füllten sich mit Berichten vom Schimpansen, der rauchen, der Rad fahren lernte, der Schlösser öffnete und mit Essgeschirr hantierte genau wie jeder Mensch — bis zu der Schimpansin des Wiener Tiergartens, die auf Geheiß den Ofen mit Papier und Stroh einlegte, ein Streichhölzchen anschlug und, wenn das Papier anbrannte, sorgsam die Ofentür schloss und den Erfolg abwartete. Manches klang übertrieben und war es nachher doch nicht, so sehr auch der eine oder andere zoologische Angstonkel warnte und lieber die Bücher verbrennen wollte als zugeben, dass so ein Tier möglich sei.

Inzwischen blieb aber gewiss, dass auch die echten Geschichten durchweg an einer gewissen Oberflächlichkeit und Vereinzelung litten, die dem wirklichen ungeheuren Interesse, das dieses Menschentier einflößen musste, durchaus nicht genügen konnten.

War ein solcher Schimpanse nicht nur ein Lerntier, sondern war er wirklich auch schon vom Zufallsversucher zum inneren Wahldenker übergegangen?

Diese präzisierte Frage der wissenschaftlichen Tierseelenkunde rief nach einer systematischen Behandlung, die ein unruhiges Mosaikbild aus noch so viel Momentaufnahmen der Reisenden und Tiergärtner nicht ersetzen konnte.

94

Die Gefahr, dass es bei dem rasend schnellen Verfall unserer ganzen Tierwelt auch hier vielleicht schon letzte Stunde sei, musste mitsprechen. Das draußen gesellige Tier konnte auch nicht am vereinsamten Einzelexemplar irgendeines nordischen Affenhauses studiert werden. Menschliche Zutat in Dressur und Nachahmung bei solchen Einzeltieren bot der wahren Beobachtung nur Hindernisse: Es galt vielmehr, den unverfälschten „Naturschimpansen" in möglichster Reinheit zu prüfen.

Aus solchen Erwägungen ist kurz vor dem Ersten Weltkrieg der Gedanke einer „Beobachtungsstation" erwachsen, die nahe dem heimischen Tropengürtel und unter halb freien Bedingungen eine ganze Schar frischer, unverbildeter Schimpansen dem planvollen „Naturforscherexperiment" zur Verfügung stellen sollte.

Eigentlicher Vater der Idee war der verdiente Berliner Nervenarzt Rothmann; die Mittel zur Einrichtung, Arbeit und Publikation sollte mit Beihilfe einiger Stiftungen die preußische Akademie der Wissenschaften stellen. Als Ort wurde Teneriffa gewählt, eine aus mehreren Gründen sehr glückliche Wahl. Das Material bildeten anfangs sieben, zeitweise neun meist von der damaligen deutschen Kolonialverwaltung besorgte, gewissermaßen noch urwaldfrische Schimpansen sehr verschiedenen Temperaments und zum Teil verschiedener Unterart. Den Tieren blieb ein bloß durch Drahtgeflecht eben abgesperrter, sehr weiter Tummelplatz mit Turngerät und Schlafkammern als verhältnismäßige Freiheit. Auf neutralem Gebiet gelegen, konnte die Station selbst während des inzwischen ausgebrochenen Weltkrieges in Ruhe bei der Arbeit bleiben, und erst Valutaschwierigkeiten haben ihr endlich den Untergang gebracht — doch nicht so früh, dass nicht glänzender Erfolg bereits das Ganze gelohnt hätte. Die eigentliche wissenschaftliche Nutzung leitete und leistete ein Meister der Tierseelenkunde, Professor Wolfgang Köhler (1887-1967), der auch die maßgebenden Berichte (nach einer Vorarbeit von Rothmann selbst und E. Teuber) veröffentlicht hat.

Ausgesprochene Aufgabe blieb von vornherein, die wunderbaren Geschöpfe selbst nicht zu dressieren, sondern durch äußerst umsichtige und stets neu kontrollierte Experimente in ihrer urwüchsigen Eigenart zu befragen. Ob sie wirklich ein einsichtiges Verhalten gegenüber gewissen Aufgaben, zu deren Lösung ihre einfachen Triebe sie selbst anspornen mussten, zeigen würden. Also innere Denkwahl betätigten und damit die entscheidende Schlussstufe der „Intelligenz" bereits im Tier.

Niemals, solange Menschenaffe und Mensch jetzt auf der Erde nebeneinander bestanden, war ein so entscheidender Wettbewerb erfolgt zwischen der aufs Schärfste spähenden höchsten menschlichen Intelligenz und dem wohl äußersten Aufgebot tierischer Gehirnarbeit. Unwillkürlich blickt man über die Grauen des Krieges, unter dem die Erde bebte, hinweg auf diesen kleinen paradiesischen Weltwinkel, wo gleichsam zwei Stufen irdischer Geistesentwicklung einen friedlichen Entscheidungskampf miteinander rangen, „du segnest mich denn". Der Geist des Schimpansen, einst durch geheimnisvolle Schicksalsfügung auf niederer Stufe stehen geblieben, legte sein Bekenntnis ab in den Geist des höheren Bruders, der es vom Urwald zu einer Wissenschaft gebracht. Und während ringsum die Welt in ein Meer von Leid und Blut sank, erklang dort, im Gebiet der uralt sagenhaften Atlantis, noch einmal das Märchen des Paradieses: ob auch das Tier bereits unter dem Baum der Erkenntnis gestanden ...?

Ich verzeichne kurz ein paar Stationen des Weges, den Köhlers Experimente gegangen sind.

Auch diese Schimpansen besaßen keinerlei Sprache, mit der sie dem Menschen etwas über ihr verwickelteres geistiges Innenleben begrifflich hätten darlegen können. Sie hatten Ruflaute die Menge, so viele, dass, wie Köhler hervorhebt, rein technisch im Sinne der Kehlkopfmöglichkeit wohl eine echte Sprache daraus hätte entstehen können — aber alle diese Laute waren wie bei andern sogenannten „Affensprachen" noch reine Signal- und Affektlaute, nicht „Zeichnung oder Bezeichnung von Gegenständlichem".

Es musste also auch hier ein indirektes Frage- und Antwortspiel durch „Handlungen" in Gang gesetzt werden. Dem Affen mussten praktische Aufgaben gestellt werden in einer Form, die ihn zugleich ermuntern würde, selbsttätig an die Lösung heranzugehen.

Der Grundlage nach also wie in jenem oben geschilderten Bilde vom Weg suchenden Menschen. Auch hier wurde als auslösender Grundtrieb der einfache Hunger des Tieres benutzt. Der ganze Hauptstamm der Köhlerschen Teneriffaleistungen läuft im Lockmittel auf den „Kampf um die Banane". Bananen, die auch uns Menschenkindern so gut schmecken, bildeten das bevorzugte Nahrungs- und Schleckmittel der Waldkinder. So wurde die Banane irgendwo angebracht, dass der Affe den Weg zu ihr im Einzelfall erst immer wieder neu finden musste. Um nicht zu sagen: erfinden musste. Denn aufs „Erfinden" kam's ja bei den vielerlei technischen Umwegen und Zwischenwegen, die der Menschenkopf ersonnen, beim Tierkopf an. Würde auch er nicht bloß blind auf Zufall herumtasten, sondern wenigstens gelegentlich selber bereits innerlich „überlegen"?

Natürlich konnte es nicht ausbleiben, dass bei dem innigen jahrelangen Zusammenleben, das sich in diesem noch nie da gewesenen Fall zwischen Mensch und Tier, dem besten Gelehrten und dem wohl sicher höchsten Tier, ergab, auch außer der zahllos variierten Bananenantwort eine Unmenge Tatsachen wertvollster Art über das Seelenleben sonst der Menschenaffen zutage kamen.

Auch wurden gleich in den ersten Versuchen bereits die (genau wie bei unseren Menschenkindern) ausgeprägten individuellen Unterschiede der allgemeinen Geistesveranlagung offenbar — auf neun Schimpansen kamen bereits ein ausgesprochener

Dummkopf und fast ein Genie, (wie viel frühere Tierbeobachtungen waren daran gescheitert, dass man nach der Schablone Tier wie Tier nahm, etwa wie dem ungeübten Blick zunächst alle Schwarzen gleich aussehen, und unter Umständen alle Bücherweisheit auf ein zufällig störrisches und dummes Exemplar baute; würden doch auch bei menschlichen Einzelversuchen über „Geist" die Chancen leider immer größer sein, dass man nicht eben auf den „Edelmenschen" unsrer Spezies trifft!)

Doch zum ersten Frage-Antwortspiel selbst, unendlich einfach scheinbar das Ei des Columbus ist bekanntlich immer das einfachste!

Das Ziel, ein Körbchen mit den besagten Bananen, hängt vom Drahtdach des Käfigs herab. Die Gewandteren (auch die Turnfähigkeit ist persönlich verschieden trotz der vom Affen allgemein zu erwartenden Gabe) klettern an Wand und Decke heran, also zunächst auf hergebrachtem Wege. Diese „affenartige Geschwindigkeit" der Lösung wird aber zwangsweise abgestellt, und nun gilt's wirklich neue „Erfindungen" zum Zweck.

Vom Boden ist das begehrte Körbchen nicht erreichbar. Aber in der Nähe befindet sich ein Gerüst, und so wird das etwas beschwerte Fresskörbchen an seinem Faden vom Beobachter in Pendelschwingungen versetzt, die es abwechselnd dem Gerüst etwas mehr nähern. Drei Schimpansen werden herangebracht, lüstern nach der Frucht. Einer springt vom Boden hoch, vergebens. Einer dagegen, der „inzwischen

Abb. 2: Der Affe zieht eine Banane an einem Strohhalm heran, der an der Banane befestigt ist.

die Lage ruhig überschaut hat, läuft mit einem Mal auf das Gerüst zu, klettert hinauf, erwartet mit ausgestreckten Armen den Korb und fängt ihn auf".

Man beachte den individuellen Unterschied, vor allem aber das ruhige, noch nicht handelnde Überschauen. Diesem Überschauen selbst muss natürlich Gelegenheit gegeben werden, genau wie bei unserem Pfad suchenden Menschen des Beispiels, sonst könnte die innere Überlegung nicht eintreten; bei früheren Tierversuchen waren hier vielfach grobe Fehler gemacht worden, die dem Tier so gut die Intelligenzanwendung abschnitten, wie sie es bei gleicher verkehrter Versuchsordnung dem Menschen selbst getan hätten.

Der einfache erste Versuch wird aber jetzt erschwert in einer Form, bei der das Tier nicht bloß einen bestimmten Standort und glücklichsten Moment abpassen darf, sondern wo es selbsttätig irgendein fremdes Zwischenglied, ein Werkzeug, anwenden müsste. (Ich bemerke dabei zur Vermeidung eines sehr beliebten und verbreiteten Missverständnisses, dass die Anwendung von einfachen, nicht bearbeiteten Werkzeugen im Sinne etwa eines aufgegriffenen Fremdgegenstandes als Hebel, Schlager, Zieher, Öffner, Wurfgeschoss an sich nach keineswegs etwas „Untierisches" darstellen würde; eine Menge Instinkttiere verfahren schon regelmäßig so, und in jedem unserer Affenhäuser kann gesehen werden, wie tückische Affen mit Steinen oder Sand werfen und die amerikanischen Kapuziner sogar ganz glatt Nüsse mit einem solchen Stein aufknacken.)

Wieder muss die Banane heran, dieser wahre Evasapfel der Erkenntnis in all diesen sinnreichen Experimenten. Also sie wird außerhalb des Gitters diesmal so niedergelegt, dass der Schimpanse sie von innen nicht unmittelbar mit der Hand durch die Maschen greifen kann.

Dagegen ist ein Strohhalm oder Faden so an ihr befestigt, dass er allerdings bis auf Reichweite zum Gitter läuft, also für einen, der ihn zu benützen weiß, den Zwischenraum überbrückt. Der Affe kommt, sieht das Ziel, greift augenblicklich nach dem Bändel und zieht die Evasfrucht daran zu sich (Abb. 2). Auch hier ist natürlich nötig, dass das Tier „sehen" kann, um was es sich etwa handelt, und Köhler betont stets mit Nachdruck, dass es hinsah, den Blick aufmerksam zum Ziel, und dann prompt danach handelte.

Ein entsprechender Versuch mit einem Hund misslang, während die Schimpansen sofort reagierten. Dabei meint der Beobachter wohl wieder mit vollem Recht, dass der Hund zwar nicht die Greifhand des Affen besitzt, sich aber rein technisch, wenn er wollte, auch mit Vorderfuß oder Zähnen hätte helfen können. Es muss aber geistig, also in dem unbekannten Wahlakt des Gehirns, hier noch etwas versagen. „Hunde und wohl auch Pferde könnten — wenn nicht besonders glückliche Zufälle in ihren Bewegungen oder irgendwelche Unterweisung ihnen helfen — wahrscheinlich in einer solchen Lage einfach verhungern, wo für Mensch und Schimpanse kaum ein Problem besteht."

Aber nun soll selbst solcher vorgemerkte Ziehfaden fehlen. Die geliebte Banane könnte nur herangestochert werden mit einem Gegenstand, den der sehnsuchtsvolle Hungerleider selbst in der Hand mitbrächte und von innen durchs Gitter zu ihr hinführte.

Der Schimpanse greift zunächst vergebens mit der einfachen Hand, gibt dann den versuch auf, wohl eine halbe Stunde lang. Plötzlich sucht sein Blick einen im Käfig liegenden Stock, er ergreift ihn, steckt ihn durchs Gitter, kratzt nach der Banane, indem er sofort richtig hinter dem Ziel aufsetzt, und zieht sie heran. Nachdem die Sache einmal geglückt ist, funktioniert sie glatt weiter.

Ein anderer Schimpanse erhält zunächst ein Stöckchen, mit dem er spielt, Bananenschalen im Käfig zusammenscharrt, bis er es endlich achtlos wegwirft.

Nun wird draußen die süße Evasfrucht in Sicht-, aber wieder nicht Reichweite abgelegt. „Das Tier greift vergeblich danach und beginnt alsbald zu Klagen, in der charakteristischen Art der Schimpansen: es schiebt beide Lippen, besonders aber die untere, um einige Zentimeter vor, stößt, während es mit bittenden Rügen den Beobachter ansieht und die Hand nach ihm ausstreckt, weinerliche Töne (der Schimpanse weint bekanntlich niemals Tränen) aus und wirft sich schließlich verzweifelt auf den Rücken, ein sehr ausdrucksvolles Verhalten, das man in Fällen großen Kummers auch sonst sieht. So vergeht zwischen Bitten und Klagen eine Weile, bis — etwa 7 Minuten nach dem Niederlegen des Zieles -- das Tier bei einem Blick in Richtung des Stockes verstummt, diesen ergreift, hinausführt und etwas ungeschickt, aber doch erfolgreich mit ihm das Ziel heranzieht." Dabei wird auch hier der Stock sofort richtig hinter dem Ziel auf die Erde gesetzt. Der zu diesem Experiment benutzte Schimpanse war erst drei Tage vorher frisch in die Station gekommen und noch nicht mit den andern Tieren zusammen gewesen.

Wenn ein Stock nicht gleich zur Stelle, werden in der Folge Lappen zum Heranschlagen hinaus gestreckt, Strohhalme und alles mögliche sonst verwertet. Einmal springt eine Schimpansin nach vergeblichem Armlangen auf, „geht schnell in ihren Schlafraum, der mit dem Versuchskäfig durch eine kleine offenstehende Tür verbunden ist, und kehrt sofort mit ihrer Decke wieder; sie zwängt das Tuch durchs Gitter, schlägt mit ihm auf die Früchte und peitscht sie so heran; als eine Banane dabei auf den Zipfel des Tuchs gerät, ändert sich das Verhalten sofort, und mit großer Vorsicht wird die Decke mit der Frucht herangezogen". Statt des Stocks werden ebenso Pappstücke, ein Rosenzweig, die Krempe eines alten Strohhuts, ein Stück Draht benutzt. Nach einem Eimer voll Wasser angelt ein Tier an heißem Dursttag sogar mit zwei Stöcken, in jeder Hand einem — leider für den armen Kerl ohne Erfolg. Kleine, aber sehr feine Züge vertiefen das Bild. Einmal ist beim Heranangeln der untere Teil des Gitters gerade an der Stelle mit feinerem Drahtnetz bespannt, das den Arm hindert, auch die bereits ans Gitter gebrachten Bananen wirklich zu fassen; so lenkt sie der Affe dem Gitter parallel an einen besseren Fleck, wo das Geflecht etwas niedriger ist und übergriffen werden kann. Ein andermal wird entsprechend bis an ein Loch im Netz geschoben, wobei der Schimpanse „nach einer Weile sorgfältigen Schiebens auf jenes Loch zu den Stock fallen lässt, an das Loch herantritt, seinen Arm hinausstreckt, nach dem Ziel fasst und, da er gerade noch nicht ankommt, sofort zum Stock zurückgeht und das Ziel mit ihm dem Loch näher schiebt, sodass er nun von der Öffnung aus die Früchte fassen kann".

Als gelegentlich gar nichts helfen will und der eigene Arm niemals reicht, geht der Affe auf den zufällig auch innerhalb des Gitters befindlichen damaligen Herrn Privatdozenten Köhler selbst los, zerrt ihn ebenso freundschaftlich wie energisch am Arm zum Gitter, drückt ihn herunter und zwängt seinen Menschenarm durch die Stäbe der Banane zu. Wie der böse Freund Mensch aus besonderem Beobachterplan auch so nicht greift, holt Vetter Schimpanse den Wärter und versucht's mit dem.

Inzwischen neue Abwandlung jetzt des ersten Spieles mit dem Deckenkorb. Neben das pendelnde Fresskörbchen, das der Affe hascht, ist gelegentlich der selber pendelnde Affe getreten, der sich vom hohen Gerüst mit einem Seil bis an das ruhende Körbchen schaukelt. Aber das alles tritt jetzt weit zurück gegen eine unvergleichlich wirksamere Werkzeug-Einschaltung auch hier. Das „süße Ziel" wird abermals im Käfig selbst hoch an der Wand oder Decke angebracht, aber ohne jede Pendelmöglichkeit. Wer heran will, muss von unten kommen — fragt sich bloß wie, da kein Affe so hoch reicht. Im gegebenen Fall sind etwa die Wände des Versuchsraumes glatt, das Dach zwei Meter vom Boden, dort oben in einer Ecke angenagelt das Ziel. Die ganze junge Bande des Stationsstammes wird zunächst einheitlich dagegen losgelassen — hoffnungslos, scheint's. Die schwarzen Gesellen machen vergebliche Springversuche. Da aber gibt ein Schimpanse das plötzlich auf, spaziert unruhig im Raum umher, bleibt vor einer flachen Holzkiste, zweieinhalb Meter von der Zielstelle fort, stehen, „ergreift sie, kantet sie hastig in gerader Linie auf das Ziel zu, steigt aber schon hinauf, als sie noch etwa einen halben Meter (horizontal) entfernt ist und reißt, sofort mit aller Kraft springend, das Ziel herunter. Seit Anheften des Zieles sind etwa 5 Minuten vergangen; der Vorgang vom Stehenbleiben vor der Kiste bis zum ersten Biss in die Frucht hat nur wenige Sekunden gedauert, er ist von jener Unstetigkeit (Stutzen) an ein glatter Verlauf".

Es mag dabei noch einmal allgemein hingewiesen werden: Von einer Beeinflussung durch den völlig neutralen menschlichen Beobachter kann keine Rede sein, auch nicht von gewöhnlicher Nachahmung („der Schimpanse," sagt Köhler, „ahmt unsäglich schwer etwas nach, ohne dass es ihm irgendwie einleuchtet"); ein „Instinkt" ist bei diesen spontanen Handlungen der Tiere wohl auch vollkommen ausgeschlossen; wie weit sie noch unter den „blinden Zufall" rechnen könnten, darüber bitte ich den Leser, beständig selbst nachzudenken.

Jedenfalls ist in der Linie dieser Leistung jetzt eine lange Kette „Kistenversuche" eingeleitet.

Abermals einem frisch angelangten Neuling, der allen Geheimnissen und Künsten der Station gegenüber noch völlig „jungfräulich" ist, wird eine solche Kiste, zunächst zum Spielen, gereicht und das Ziel in der ersehnten oberen Region gesteckt. Auch er „springt zuerst mehrmals unter dem Ziel in die Höhe, versucht dann mit der Schlinge seines Seiles (er ist mit einer sehr langen Leine an der Hauswand befestigt), die er in die Hand nimmt, das Ziel zu erreichen, kommt nicht an und dreht sich nach einer Reihe solcher Bemühungen, die alle nichts mit der Kiste zu tun haben, von der Wand fort; so scheint er bisweilen die Sache aufzugeben, kommt aber schließlich doch immer wieder. Nach einer Zeit — er ist grade wieder von der Wand fort — tritt er an die Kiste heran, blickt zum Ziel hinüber und gibt der Kiste einen kurzen Stoß, ohne sie dabei vom Fleck zu bewegen - seine Bewegungen sind viel langsamer geworden als zuvor; er lässt die Kiste stehen, macht ein paar Schritte von ihr fort, kehrt aber sogleich wieder und stößt sie nochmals an, wieder nach einem Blick zum Ziel, aber wieder ganz schwach und nicht, als ob er die Kiste eben wirklich transportieren wollte; abermals geht er fort, kommt sogleich wieder und gibt ihr den dritten Stoß in derselben Art, um danach von Neuem langsam umherzugehen; die Kiste ist jetzt im ganzen um etwa 10 cm verschoben, und zwar auf das Ziel zu". Das Ziel wird jetzt durch eine Apfelsinenscheibe noch mehr versüßt, und fast augenblicks darauf steht der Affe „wieder an der Kiste, packt sie plötzlich, zerrt sie in einem Zug und in gerader Linie bis fast genau unter das Ziel (mindestens 3 m weit), steigt sofort hinauf und reißt das Ziel von der Wand. Seit Beginn des Versuches ist eine knappe Viertelstunde vergangen. Dass der Beobachter auch in dem Augenblick die Kiste und das Tier völlig sich selbst überlässt, wo er die Zielverschönerung vornimmt, versteht sich von selbst. Die Vermehrung oder Verbesserung des Ziels während des Versuchs ist ein Mittel, das man immer wieder mit Erfolg anwendet, wenn ein Tier sichtlich der Lösung ganz nahe ist, aber die Gefahr besteht, dass bei längerer Versuchsdauer Ermüdung alles verdirbt. Man darf übrigens nicht meinen, bevor die Apfelsine hinzukommt, sei das Tier nur zu träge, um die Lösung zu vollziehen; Koko (so hieß dieser Affe) zeigt vielmehr schon vorher lebhaftes Interesse am Ziel, dagegen im Anfang gar keines für die Kiste, und wie er diese nachher mehrmals anstößt, sieht er nicht träge aus, eher unsicher; es gibt nur ein (vulgäres) Wort, das wirklich gut zu seinem Verhalten in dieser Periode passt: Bei ihm dämmert's". Die Ermüdung ist dabei eine hoch charakteristische, immer wiederkehrende Erscheinung. So wie die Tiere überhetzt werden, müde werden, versimpeln sie offensichtlich, machen Dummheit über Dummheit — ich denke doch ein Beweis, dass in ihnen etwas vorgeht. Auch sonst gibt es gelegentlich Hemmnisse. Nicht immer gelingt die Sache gleich. Dann treten Wutanfälle ein — wie bei einem geistigen Arbeiter, der nicht von der Stelle kommt, seine Arbeit hinschmeißt. Die Kiste wird misshandelt wie ein Kind seine Puppe haut oder der Handwerker gegen seinen abgleitenden Hammer flucht.

Die Kletterkiste wird im übrigen gebracht, wird bestiegen — und wenn's dann noch nicht langt, wird mit dem Stock weiter geschlagen von ihr aus — eine Kunst löst die andere ab (Abb. 3). Mit dem Blick aber wird dabei immer deutlich Distanz gemessen — eine Sache, die in diesem Falle das geborene Urwaldtier ja sicherlich schon von seinen verwegenen Klettersprüngen her mitgebracht hat und hier nur verwertet. Statt der Kiste wird im Bedarfsfall auch ein Tisch und jeder taugliche andere „Größermacher" (Steine, Drahtrollen, Blechtrommeln) herangezogen, auch die Kiste selbst „nach einem ruhigen Blick auf die Situation" zur Verbesserung steil gestellt.

Abb. 3: Der Affe schlägt von der Kiste aus mit einem Stock nach der Frucht.

Der lustigste Ersatz ist aber wieder der: Als der Wärter zufällig unter dem Ziel vorbeigeht, kommt der experimentierende Schimpanse „schnell auf ihn zu, ergreift seine Hand, zieht energisch in Richtung des Zieles, an dem der Mann schon vorüber ist, und macht zugleich unverkennbare Anstalten, ihm auf den Rücken zu klettern. Der Wärter entzieht sich ihm und tritt zurück, so weit es der Raum gestattet, aber Sultan (so heißt der Schimpanse) lässt nicht von ihm ab und zerrt ihn, der auf Geheiß nur noch scheinbar widerstrebt, wieder rückwärts bis unter das Ziel; ihm auf die Schulter steigen und das Ziel herabreißen ist danach Werk eines Augenblicks". Als in einem solchen Fall der Wärter aber durchaus nicht zu willen ist und sich unter dem Ziel boshafterweise grade so bückt, dass der Kletterer nichts erreicht, fasst der Schimpanse ihn mit „beiden Händen unters Gesäß und bemüht sich heftig, ihn in die Höhe zu drücken. Eine überraschende Art, das menschliche Werkzeug zu verbessern"! Ist aber kein Mensch da, so wird Affe von Affe als Kiste benutzt. Und als in verwegener Jagd ein verfolgter Affe Reißaus am Gitter hochnimmt, holt der andere seine Kiste, stellt sie unter und hascht von ihr den Schelm. Auch diente die Kiste an defekten Käfigstellen vorkommenden Falles als Ausbruchleiter. Ist im Umkreis des leckeren Eva-Apfels überhaupt keine Kiste und ähnlicher Gegenstand da, dem Affen aber bekannt, dass weit weg um den Winkel eines langen Korridors (also nicht in Sichtweite) eine steht, so erinnert er sich wohl mitten zwischen andern Versuchen plötzlich, stellt die Arbeit ein, „hängt einen Augenblick unbeweglich, springt dann auf den Boden, galoppiert den Korridor entlang und um die Ecke und kommt auch schon mit der Kiste zurück".

Bei diesem letzten Hergang spielte nebenbei bereits eine Tür mit. Nun die Tür selber als „Kiste" — ein reizendes Beispiel wieder. Nahe dem Ziel, das vom Drahtdach baumelt, sind vier Türen, drei ganz fest, die zielnächste nur lose geschlossen, die Türflügel als solche den Affen vom Daraufhocken und spielenden Drehen bekannt. Der Schimpanse tritt an, blickt zum Ziel, hebt ein zufällig herumliegendes Stäbchen auf, wirft es jedoch fort, ohne es anzuwenden, es ist ersichtlich zu kurz. Gleich hinterher aber füllt sein Blick auf die besagte nächste Tür, „die er nun eine Spanne von mehreren Sekunden hindurch fixiert, ohne sich von der Stelle zu bewegen; schließlich geht er auf sie zu, öffnet sie, immer noch auf dem Boden stehend, und steigt dann hinauf; da er die Tür nicht vollständig im rechten Winkel aufgedreht hat, erreicht er das Ziel noch nicht, steigt also wieder herab, dreht, auf der Erde stehend, vollends auf und würde das Ziel nun erreichen, wenn nicht sein Gewicht beim Hinaufklettern den Türflügel ein Stück zurückdrehte; also unterbricht er den Aufstieg, stellt sich noch einmal auf den Boden, dreht die Tür von Neuem ganz auf und erreicht dadurch ohne weitere Störung das Ziel. Die Korrektur im Anfang und das Kompensieren der Störung geschehen mit einer Klarheit, die auch der Mensch nicht übertreffen könnte". Ich kann wieder nichts tun, als den Leser ersuchen, diese Geschichte bis in alle Einzelheiten auf unsere Frage auszukosten.

Eine Schimpansendame kommt bei gleicher Sachlage ebenfalls heran, „sieht einen Augenblick zum Ziel hinauf und bleibt gleich darauf mit den weiterwandernden Augen an der Tür haften; dann klettert sie am Balkenwerk von Haus und Tür in die Höhe und stemmt oben den Türflügel von der Wand ab, bis sie das Ziel fassen kann; dabei setzt sie sich auf den breiten Rand des Flügels und drückt die Tür, selbst gewissermaßen mitfahrend, ab, sobald der Türflügel aus dem Rahmen heraus ist".

Immer weitere „Kistenprobleme" schließen noch zwanglos an, ich greife nur hier und da aus Köhlers schier unerschöpflichen Darstellungen heraus. Eine schwere Kiste, die am Anfangsversuch, dem Angeln der Frucht durch das Gitter, hindert, wird fortgerückt. Manchmal dauert solche für uns „einfache" Sache wenigstens beim ersten mal sehr lange, stundenlang, bis sie notdürftig glückt, vielleicht ist grade dieses Rücken dem Baumtier von Natur fremder als es etwa einem jener Fels bewohnenden Paviane sein müsste, die gewohnheitsmäßig bereits große Steine draußen rollen und drehen. Aber gefunden wird's doch auch zuletzt, und bei der Wiederholung geht's meist um so prompter. Ein angeborener Instinkt würde sofort funktionieren. Wieder der repetierte Fall läuft zwar im ganzen leichter, ändert aber im einzelnen durchweg doch noch, verkürzt, vereinfacht: ein blinder Instinkt würde stets starr kopieren wie ein Schablonenbild. Also Instinkt ist es nicht. Ist es also reiner Zufall? Oder schon Wahl-Zufall? Oder bereits inneres Verstandesproben, einsichtiges, innensichtiges Verhalten …?

Andererseits fiel dem Beobachter stets auf, wie sehr der Schimpanse bei all diesen Versuchen darauf besteht, seinen eigenen Weg zu gehen — zu finden, wie er finden will. Ihn beim Zusammenleben pädagogisch zu beeinflussen (wenn es nicht rohe eingeprügelte Dressur sein soll, die hier ganz ausgeschlossen war), scheint ungemein schwer, wo es nicht in der Linie seiner „natürlichen schimpansischen Reaktion" liegt. Gerade das ist wieder wichtig zur Widerlegung des Einwurfs, als wären die Stationsaffen auf die Dauer doch auch ohne Absicht künstlich „vermenschlicht" worden.

Schließlich wird im Fortgang der Versuche eine seitlich offene Kiste mit mehreren Steinen beschwert. Eine oben offene mit Sand gefüllt. Der Affe merkt, dass sie schwer ist, lässt los, „schaut hinein und nimmt einen der Steine sorgfältig heraus. Dann beginnt er wieder mit großer Anstrengung zu ziehen, gibt es auf und holt den zweiten Stein aus der Kiste". Schließlich wird die Steinkiste ganz geleert und die Sandkiste ebenso etappenweise mit den Händen ausgeschaufelt.

Nun aber noch ein letztes und größtes Kistenkunststück, an das ein Zirkusdresseur, dem es nur darauf ankam, seine Tiere „interessant" zu machen, vielleicht zuerst gedacht hätte, bei dem aber hier auch der Schwerpunkt darauf lag, ob's die Affen aus sich fänden ohne Dressur. Der Schwerpunkt spielte selber dabei eine starke Rolle: Es galt nämlich, ob die Schimpansen bei einem sehr hohen Deckenziel zwei und mehr Kisten aufeinander bauen würden. Bei nichts würde man ja so gern glauben, der Affe habe etwas beim Menschen, etwa bei Schiffsverladungen, Gesehenes nachgemacht, und doch ist der Weg auch hier ein unzweideutig erst „findender". Schon bei jenem einfachen Kistenstellen unter das zu hohe Ziel taucht einmal ein erstes anklingendes Moment inmitten der andern Arbeit auf: Ein Schimpanse, der mit einer Kiste nicht hoch genug kommt, holt jäh eine Zweite und fuchtelt experimentierend mit ihr an der andern herum, als wolle er sie schon richtig aufsetzen. Aber wie so oft stört quere Laune, er verprügelt die Kiste, anstatt zum Ziel zu finden, anscheinend kann er sich noch kein brauchbares Bild machen. Eben damit beweist er aber am besten, dass er kein Modell zu einem Kistenturm mitbringt, weder instinktiv, noch erlernt. Und erst als der Versuch unter dem gleichen Zwang zu hohen Ziels systematisch wiederholt wird, findet sich bei dem gleichen Affen auch der erleuchtete Augenblick: Er schiebt die zweite Kiste steil auf die erste und erklettert den immerhin im Sinne solider Statik sehr unsicher gefügten schwankenden Bau. Und das machen dann, ohne es dem ersten selber abgesehen zu haben, auch andere von der schwarzen Schar, bald etwas geschickter, bald noch loser auf gut Glück hingestapelt, nicht ohne Zusammenstürze und Lehrgeld, aber sie machen's (Abb. 4).

Abb. 4: Zwei Kisten werden aufeinander gestellt.

Neues Problem: drei Kisten. Der Futterkorb wird im buchstäblichen Sinne noch höher gehängt. Der große erste Affe, der vorher schrittweise zu den zweien kam, hat einen tüchtigen Mittagsappetit, und der leere Bauch animiert im umgedrehten Sprichwort zum Studieren. „Die schwerste Kiste legt er flach unter das Ziel, setzt die zweite steil darauf und versucht oben stehend das Ziel zu ergreifen; als er nicht ankommt, blickt er hinunter und in die Umgebung umher, haftet mit den Augen an der dritten Kiste, die ihm wohl zuerst wegen ihrer Kleinheit als wertlos erschienen ist, steigt mit großer Vorsicht herab, ergreift die Kiste, klettert mit ihr hinauf und vollendet den

Bau" (Abb. 5). Aber einer von den Kleinen der Bande schlägt auch diesen Rekord. Er ist das geduldigste Tier, lässt sich durch Misserfolge und polternde Zusammenstürze auf seiner Stufe des Babelturms nicht schrecken, steigt fast pedantisch zum Dreikistenbau und überbietet ihn endlich und endgültig mit der Viererpyramide. Einmal gelungen glückt ihm übrigens, als wieder Gelegenheit geboten wird, diese Glanzleistung noch nach über anderthalbem Jahr ebenso. An einzelnen der andern Affen tritt dagegen auch hier wieder der Gegensatz der persönlichen Gabe hervor. Einer baut, obwohl besonders leichtfertig, noch Dreier, ein anderer nur noch Zweier, zwei bleiben beim schwachen Versuch, einer hat nie bauen gelernt.

Köhler geht im einzelnen noch auf die Bauart als solche ein, nicht nur ihre absolute Höhenleistung, sondern ihre innere Technik. Es gibt eine Masse Instinkttiere (Ameisen, Bienen, Spinnen), die unvergleichlich viel eleganter in dem Punkt bauen, weil sie immer das Bravourstück derselben vererbten Schablone abpauken. Gibt es doch sogar Ameisen, die lebende Türme zum Erreichen ferner Blattränder als Ziel herstellen, bei denen immer eine Ameise die nächste um die Taille fasst und hochhält, bis sechs oder sieben senkrecht übereinander schweben. Dagegen gesehen sind die Schimpansen ziemlich rohe Stümper, aber sie sind es wieder, weil sie allem Anschein nach nicht nach einem gegebenen Instinktmodell bauen, sondern persönlich improvisieren. Umgekehrt gegen den Menschen wieder gehalten, treten

Abb. 5: Die Affen stellen drei Kisten übereinander, um die an der Decke hängende Banane zu erreichen.

aber auch da wohl gewisse speziell schimpansischen Züge hervor. Als geborenes Baumtier scheint der Affe weniger solide Statik zum Boden mitzubringen und zu suchen, als der fest auf diesem Boden ruhende Mensch, und sich dafür mehr auf seine eigene kühne körperliche Kletterbalance zu verlassen, der bereits ein paar schwankende Anhalte im Werkzeugbau der Höhe genügen. Und deshalb baut der Affe scheinbar salopper, schlechter und lässiger fundierend als es ein Mensch würde, was in all den Kistenversuchen zutage zu treten scheint. Man stößt hier wohl auf sehr wichtige Punkt zur Beurteilung solchen Tieres „aus sich selbst" („Zweck sein selbst ist jegliches Tier", sang einst Meister Goethe). Wenn ein Affe baut oder auch einen Stock als Werkzeug handhabt, so ist's, auch wenn er sonst ganz wie ein Mensch „werkzeugt", doch deshalb im praktischen Bild noch nicht dasselbe. Weil er von Haus aus eine Affenorganisation besitzt, für die unser Werkzeug nicht notwendig sein Werkzeug ist, unser solider Bodenbau noch nicht sein nur eben anklingender Akrobaten-Tippbau, den gleichsam die Balance hier des Tieres selbst erst richtig einigt und ergänzt, zu sein braucht. Ein Affe, der ein vollendeter Kulturtechniker würde, wäre doch immer kein genauer Mensch, sondern ein ihm paralleler Affentechniker.

Um aber zum Wort „Werkzeug" selbst zurückzukehren, so verfolgen wir nach der Kiste noch einmal jetzt den Stock in der Schimpansenhand weiter. Wer sich etwas genauer schon sonst mit dem Thema des Gebrauchs von Werkzeugen bei Tieren befasst hat,

118

weiß, dass eine neue und interessante Frage anfängt: ob ein Tier ein natürlich gegebenes Werkzeug (also Stein oder Ast) unter Umständen selbsttätig schon zum Zweck verbesserte, also zurechtschlüge, verlängerte, verknüpfte, kurz im Einzelfall noch brauchbarer machte? Wenn es aber geschieht, würde wieder die weitere und uns hier noch mehr packende Sache sein, ob auch das Instinkt wäre oder bereits persönliche Arbeit und in dieser innere Zweckschau.

Bereits wie der Schimpanse die zu schwere Kiste als Kletterwerkzeug auf eigenen größeren Nutzen hin erleichtert, rührt er an so etwas. Die echte Paradiesgeschichte kommt aber erst wieder beim Stock. Wie uns noch immer der Stock eigentlich als Urtyp eines Werkzeugs überhaupt erscheint, so ist er auch dem Schimpansen von Beginn an offenbar eine Art Universalinstrument. Ich erwähnte, wie der Affe von der Kiste mit dem Stock weiter schlägt. Aber der Stock wird auch selber gelegentlich Kistenersatz. Im allgemeinen gilt ja auch von den Schimpansen, zumal den hier verwerteten jungen, dass Technik und Spiel bei ihnen ständig durcheinanderlaufen. Was technisch benutzt und erfunden wird, das wird jedes mal auch ohne „Vorteil" rein zum Spielen benutzt und umgekehrt, — wobei gewisse Spiele immer zeitweise einmal im Trupp Mode werden, ganz wie bei Menschenkindern.

Da war nun zuerst ein solches Spiel Emporklettern an langem, lose aufgesetztem Stock, noch ehe er Zeit hatte, ganz umzufallen (Abb. 6). Entweder fiel der

Abb. 6: Emporklettern an langem, lose aufgerichtetem Stock, ehe er Zeit hat, ganz umzufallen.

Affe mit ihm zugleich oder sauste im Sprung nach Balken oder Gitter fort. (Es geht das auch in jenes Kapitel: eigene Balance gegen Werkzeugstatik, indem es eigentlich ein Hohn auf alle Fundierung ist und doch den gewandten Affen hochbringt.) Jedes mal macht's aber Spaß, wie Kindern etwa Stelzenlaufen. Die gleiche Prozedur wurde dann ernsthaft angewendet vor dem hohen Futterkorb. Ein Bambus von vier Meter Höhe wird vom selber kaum metergroßen Affen so benutzt: der Schimpanse rast zur Spitze zum Ziel, ehe die Stange Zeit hat, umzufallen. Statt der Stange dient auch ein loses Brett, das der Affe sich holt: dreimal kippt es zu früh, beim vierten glückt's.

Aber der Stock ist eben Universalwerkzeug noch über jede Einzelverwertung hinaus. Mit ihm werden Löcher im Gitter geweitet, Deckel mit Hebelkraft aufgehoben. „Die Art", sagt Köhler sehr gut, „wie der Schimpanse hebelt, ist mit der des Menschen identisch. Natürlich weiß keiner der Affen das Mindeste von den Beziehungen zwischen Kraft, Weg, Arbeit usw., die dem physikalischen Hebelbegriff inhärieren, aber nicht viel mehr weiß davon der Lastfuhrmann, der seinen Wagen mit zerbrochenem Rad mittels eines Hebels auf den untergestellten Stützbock hebt; es muss eine Art praktischen und konkreten Verständnisses für dergleichen einfachste Instrumente geben, das, aus Optik und Motorik des Naiven unmittelbar herauswachsend, innerhalb gewisser Grenzen die passende Verwendung schnell hervorbringt und dauernd gewährleistet."

Als feinstes Stückchen wird der Strohhalm zum spielerischen Eintunken und Abschlecken bei Getränken verwertet, man denkt an die Stäbchen der Chinesen und unsern Eiskaffee. Solches Stäbchen wird dann wieder zu höchst lustiger Jagd benutzt in völlig freier Erfindung der Tiere, kein Mensch würde sie auf so etwas zu bringen wagen. Die Affen, Verehrer säuerlich kühler Früchte, schätzen auch Ameisen ob ihrer Säure und schlecken sie, wo sie daran kommen. Als nun solche Ameisen außerhalb des Gitters am umlaufenden (Querbalken ihren Strich hatten, da steckten die Affen befeuchtete Halme und Stäbchen durch die Drahtmaschen, ließen sie voll Ameisen kleben und lutschten sie dann mit Wonne ab. Man erinnert sich der ebenso gebrauchten Klebzunge des Ameisenbären und empfindet ein wahres Prachtbeispiel von Organ dort, Werkzeug hier. Auch Wurzeln werden mit dem Stock aus der Erde gewühlt, und blitzschnell erhellt sich der Sinn jenes schimpansischen Landesnamens: der Wurzelgräber. Schmutz wird mit Stöckchen und Lappen entfernt, mit letzterem und Papier auch das Menstruationsblut, dem der Menschenaffe so gut unterliegt wie der Mensch.

Gelegentlich ist der Stock Vorsichtshandschuh, so als ein Schimpanse (Köhler sagt mit Recht: doch wohl sicher zum ersten mal in seinem Affenleben) mit unsern menschlichen Elektrizitätsapparaten in hoher Spannung zu tun bekommt. „Der eine Ableitungspol eines schwachen Induktoriums war mit einem Drahtkörbchen verbunden, das, mit Früchten gefüllt, vom Dach herabhing, der andere mit einem Drahtnetz auf dem Boden unter dem Korb. Nie habe ich (erzählt Köhler) in kürzester Zeit so viele vollkommen menschlichen Reaktionen und Ausdrucksbewegungen an den Schimpansen gesehen, wie in diesem Fall: das Zurückfahren beim ersten Schlag, der überraschte Schrei, das vorsichtige Vorstrecken der Hand beim zweiten mal, wobei diese fortwährend wie getroffen schon wieder zurückzuckt, ehe überhaupt die Möglichkeit eines Ladungsausgleichs durch den Körper besteht, das heftige Schütteln der Hand in der Luft nach einem ordentlichen Schlag insbesondere, das genau so aussieht, wie das Handschütteln eines Menschen, der versehentlich einen heißen Ofen angefasst hat — alles geht seiner Form nach genau vor sich wie bei uns." (Was diese armen Käuze sich aber auch alles gefallen lassen mussten; man gewinnt sie ordentlich lieb beim Lesen und bedauert nur, dass sie nach Auflösung der Station im Berliner Zoologischen Garten ein rasches Ende fanden.) Trotzdem ließen sie damals nicht locker: Einer nach dem anderen nahmen sie einen Stock, „um so in weniger direktem Kontakt mit den: gefährlichen Ding doch womöglich die Früchte zu erreichen. Mit hölzernen Stäben ging zunächst auch alles gut, nur bog der Korb an dem Kabel, an dem er aufgehängt war, fortwährend aus, und im Eifer nahmen die Tiere auch feste Drähte und Eisenstangen; als ihnen der Korb nun wieder Schlag auf Schlag versetzte, gerieten sie allmählich in Zorn, aber nur Tschego (eine Affin), die dauernd bei einem Holzknüppel geblieben war, nahm ernstlich den Kampf auf und prügelte, aufrecht stehend, mit aller

Macht gegen das Körbchen, dass es in der Luft herumfuhr und am Ende abriss. Noch eine Stunde später sah man übrigens die Tiere vorsichtig die Hand nach dem nun ganz ungefährlichen Drahtnetz um die Früchte ausstrecken und immer wieder vor der Berührung zurückfahren, auch nachdem sie schon mehrfach ungestraft Früchte herausgerissen hatten", (vielleicht lässt der Leser hier wieder mal das Buch sinken und denkt nach ...)

Natürlich wird der Spielstock und Werkzeugstock auch Waffe, es wird gestochen und geworfen damit, letzteres höchst zielsicher auch mit Steinen, eine Handlung, die ehemals aus „kritischen" Naturgeschichten als „wüste Fabel" bei den Affen wieder herausgestrichen worden war. Einer der Schimpansen lernte allmählich geradezu virtuos zu treffen, eine Kunst, die er an seinesgleichen wie am Menschen „mit gleicher Freude übte". Selber mit leichten Steinwürfen von Menschenhand bedacht, glückte es gelegentlich solchem Affen, die Steine seinerseits aufzufangen und zurückzugeben. „In Erwartung eines Wurfs werden die Arme vor den Kopf gehalten, auch wird dem Feind der Rücken zugekehrt; das Vorhalten der Arme erfolgt auch auf einen erschreckenden Knall von Raketen oder Schüssen hin." In einen Stein, der ihn getroffen, beißt der Schimpanse aber gelegentlich auch grimmig hinein — wer dächte nicht an die allgemeine Beseelung toten Stoffes bei unsern wilden.

Kleine Tiere (Mäuse, Eidechsen), die zunächst mehr zur Belustigung dienen, werden beim geringsten vermeintlichen Angriff mit dem Stock wirklich totgeschlagen. Im nächsten Augenblick konnte aber die grimme „Waffe" auch wieder zum Scherz selbst Verwertung finden. „Sollte jemand, der jenseits des Drahtgitters sich befindet, durchaus geärgert werden — und es ist wahrhaftig eines der größten Vergnügen der Schimpansen, einander oder andere Wesen zu ärgern —, so kann das schon dadurch geschehen, dass man vorsichtig heranschleicht und unversehens und plötzlich gegen das Gitter anspringt; aber viel mehr Freude macht es anscheinend, einen spitzen Stock beim Anschleichen mitzunehmen und ihn dem ahnungslosen Opfer plötzlich an die Beine, in den Leib oder, wohin es trifft, zu rennen." So wurde zeitweise das Stechen von Hühnern bei unsern Urwalds-Gassenjungen Mode, wobei aber noch eine wunderbare Begleiterscheinung auftrat, die ich doch auch erwähnen möchte, obwohl sie nicht ins eigentlich technische Feld fällt.

„Wenn die Schimpansen ihr Brot essen," erzählt Köhler, „sammeln sich regelmäßig die Hühner des Nachbargrundstücks am Gitter, vermutlich, weil bisweilen Krumen durch die Maschen des Netzes fallen, die sie dann aufpicken. Da die Schimpansen sich ihrerseits für die Hühner interessieren, so macht es sich, dass nun die Affen ihr Brot dicht am Gitter zu verzehren pflegen und dabei die Vögel mustern oder auch durch einen Tritt gegen das Netz verscheuchen. Daraus haben sich drei Spiele entwickelt, die ich nicht für möglich halten würde, wenn sie sich nicht Tag für Tag vor meinen Augen wiederholten. 1. Der Schimpanse hält zwischen einem Biss und dem nächsten sein Brotstück in die weite Masche des Netzes, das Huhn nähert sich zum Picken, und wie es gerade zufahren will, zieht der Affe das Brot schnell wieder fort. Dieser Spaß wird an einem einzigen Mittag wohl an die 50 Male ausgeführt, mehrdeutig ist an ihm durchaus nichts; der Affe, dem kein Huhn nahe genug ist, beugt sich mit dem Brot in der Hand weit seitwärts bis an eins heran und wartet, den Köder in eine Masche gedrückt. Doch würden vielleicht sogar die Hühner nach ein paar Malen klug werden, wenn nicht zum Mindesten einer der Schimpansen es noch weiter triebe. 2. Rana, die Dümmste (der Schimpansen), füttert ohne jeden Zweifel die Hühner wirklich und durchaus absichtlich. Mitten in dem eben beschriebenen Spiel, an dem sie sich auch beteiligt, hält sie ihr Brot eine Weile in die Maschen und lässt ein Huhn eine ganze Reihe von Malen davon picken; dabei ruht ihr Blick mit einem Ausdruck von schlaffer Gutmütigkeit auf dem pickenden Tier. Da sie die Erschütterung jedes Pickens in der Hand fühlen muss, außerdem gerade den Vorgang betrachtet und dabei das Brot doch weiter ans Gitter hält, bis sie wieder selbst abbeißen möchte, so kann man wohl nur von Füttern des Huhns sprechen." Das dritte Spiel war dann, dass von andern Schimpansen die Hühner mit Brot gelockt, im rechten Augenblick aber eben mit Stöcken oder Drähten boshaft durchs Gitter gestochen wurden. Gerade das merkwürdige „Füttern" ist aber

126

später noch öfter beobachtet worden, sogar noch mit dem neuen Zug, dass die Affen den Hühnern Brotstücke hinwarfen und „dann mit großem Interesse zusahen, wie diese daran herumpickten". Das Werfen dabei, betont Köhler ausdrücklich, war durchaus verschieden von dem beim Angriff. „Statt eines Schleuderns mit Angriffsbewegungen ein ruhiges Hinwerfen unter gespanntem Hinschauen nach den herbeieilenden Hühnern. Noch einmal — ich hatte selbst nichts Derartiges erwartet; aber weder an der Tatsache noch an dem Sinn des Spieles bleibt der mindeste Zweifel." Der Beobachter betont zwar selbst, dass der scheinbar „altruistische" Zug dieses gutmütigen Fütterns in den Grenzen eines Spiels zu bleiben scheine. Aber er erinnert doch an seine vielen Erlebnisse mit den Schimpansen, wo sie auch untereinander sich Futter in unverkennbar altruistischen Regungen abgaben. Wenn ein Schimpanse einem andern auch sonst wohl will und von ihm bei der Mahlzeit angebettelt wird, dann „rafft dieser" (erzählt Köhler wieder), „wie ich zu Dutzenden von Malen beobachtete, plötzlich ein paar Früchte aus seinem Besitz zusammen und reicht sie dem anderen mit eigener Hand zu, oder er bricht auch eine Banane, die er eben zum Mund führen wollte, mittendurch und gibt die eine Hälfte mit ausgestrecktem Arm dem Bittenden hinüber, während er den Rest selbst verzehrt".

Doch ich will mich nicht in die „Ethik" der Teneriffaschimpansen verlieren, ein besonderes Feld, sondern kehre zu ihrer Technik zurück.

Langsam sieht man zu hunderterlei einfacher „Benutzung" auch hier endlich eine „Aufbesserung" des Werkzeugs dämmern, verschiedenes Material wird in Stockersatz selbsttätig umgestaltet: so zum Langen durch das Gitter ein Endchen Stroh durch Umklappen und Vierfachfalten in eine stockharte Masse; von einem Bäumchen wird ein Zweig zum Zweck gebrochen, eine Blattranke zum scheinbar längeren Stöckchen kahl gerupft, eine Drahtschleife teilweise aufgebogen. Doch bleibt das nur Vorspiel zu folgender Besserungsweise am Stock selbst, die endlich mit einer wahren Krönung schließen sollte. Sie scheint mir vorläufig der Gipfel überhaupt aller bekannten nicht instinktiven technischen Tierleistung und hat wohl auch in Fachkreisen allgemein so gewirkt.

Ich kehre dafür nach einmal zu den beiden Grundversuchen mit dem Stock zurück: Der Stock wird benutzt zum Heranscharren eines süßen Ziels ans Gitter, wo der Arm nicht langt; und der Stock wird zum Schlagen oder Springen nach solchem Ziel von der Kiste aus verwertet. An diese einfachsten Fälle musste man, wenn nicht alles trog, logischerweise noch eine sehr verwickelte Fragestellung anknüpfen können: — brachte der Affe es fertig, bei zu weitem Ziel den Stock selbst zu verlängern?

Man fühlt wieder das Nahen dieser Aufgabe, wenn man hört, dass der Schimpanse, um das Ziel vor dem Gitter zu fassen, erst mit einem kleinen Stock probt, der aber nicht ausreicht, dann aber (nach einer längeren Pause wieder, in der das Tier seine Augen die ganze Umgebung abwandern lässt) mit diesem zu kleinen Stab einen ebenfalls draußen liegenden längeren Stock herankratzt und nun mit dem die Banane holt. Der zu kurze Stecken ist gewissermaßen schon durch den Ersatz, den längeren, „verbessert" worden. Aber noch ist's keine Verbesserungsarbeit an ein und dem gleichen Werkzeug selbst.

Da sitzt indessen wieder so eine Schimpansin auf der Suche am Gitter und kommt mit ihrem Stock nicht zur Lockfrucht, es ist auch kein zweiter Stab draußen - Eva wird die Geschichte so gar schwer wieder gemacht — was hilft's, auch sie wird noch zur weiteren „Erkenntnis" greifen müssen, wenn die Weltordnung oder in unserm Fall einige rein auf Zufall oder Instinkt eingeschworene Professoren der Tierseelenkunde es auch verboten haben. Im allgemeinen ist es ja so, dass die Affen schon gleich auf Augendistanzmaß einem Stückchen ansehen, ob es zu kurz ist, und dann schon gar nicht weiter versuchen. Aber unsere schwarze Dame macht eine Ausnahme, und sie vollführt also einen zunächst zwar falschen, aber doch an sich bereits sinnreichen Besserungsversuch. In ihrem eigenen Bereich innerhalb des Gitters hat sie noch einen zweiten, allerdings noch kürzeren Stab. Mitten im Probieren ergreift sie ihn und „legt ihn mit einer flachen Seite auf eine ebenfalls flache des ersten Stockes, fasst mit der Hand sorgfältig um beide herum und angelt so weiter nach dem Ziel, obwohl eine Verlängerung oder sonst ein wirklicher praktischer Erfolg durch das Anfügen des zweiten Stabes gar nicht erreicht wird; wie sie den kurzen

Stock auf den langen gedrückt hält, kommt jener überhaupt nicht bis auf den Boden". Die Sache wird auch von anderen Genossen der Station gelegentlich genau so und sehr sorgfältig gemacht, irgendetwas müssen die Tiere also damit verbinden — was kann es aber gut anders sein, als der Gedanke einer Verlängerung des Werkzeugs irgendwie — wenn's auch zunächst ein Schnitzer an sich bleibt.

Und die Sache wird in dem Punkt wohl vollends deutlich, wenn man eines der Tiere demnächst auf folgendem neuem Schachzug ertappt. Situation ist jetzt wieder die Kiste unter dem Deckenziel, und es handelt sich um eine eigensinnige Affendame, die von der noch nicht langenden Kiste durchaus nicht schlagen, sondern nur in der oben gekennzeichneten Weise mit dem Stock springen will (solche Marotten kommen ja vor), wozu ihr mitgebrachtes kurzes Hölzchen doch so ungeeignet ist, wie möglich. Da nimmt auch sie einen zweiten kurzen Stab und drückt ihn an einen andern, aber diesmal nicht so, dass beide aufeinander liegen, sondern fast ganz hintereinander und nur eben von der umgreifenden Hand in der Mitte zusammengefasst werden. Kein Zweifel: jetzt ist für den Anblick (optisch) der Doppelstab wirklich länger, aber zu gebrauchen ist auch er noch nicht, wär's am Gitter, so ginge die zusammenstückelnde Hand nicht mit durch, und als Springstange ist's vollends Nonsens — man kann doch nicht an einem Stab hochklettern, den man zugleich mit der Faust in der Mitte zusammenhalten muss, dass er nicht zerfällt. Gleichwohl: gesehen ist diesmal, worauf es ankommt, und vielleicht bedarf es nur noch der einen kleinen Nachhilfe, dass der Freund Mensch geeigneteres Material liefert, das auch ohne zuhaltende Hand von sich aus einen Doppelstück bilden könnte, wenn man die Stücke recht zueinanderpasst. Solches Material kann ja schließlich beschafft werden, nur ist noch eine Etappe Schläue dazu auch vonseiten des Affen nötig, wie sich zeigen soll.

Es werden einem der haarigen Gesellen am Käfiggitter zwei hohle feste Schilfrohre zur Verfügung gestellt, wie sie auch früher bereits zum Bananenscharren dort öfter dienten. Das eine hat kleineren (Querschnitt als das andere, lässt sich also in die Endöffnungen des dickeren leicht einschieben. Wird Meister Schimpanse den menschlich gewiss sehr einfachen Trick finden, wirklich einzuschieben und damit ein langes Rohr zu schaffen, das diesmal die Hand nicht zusammenzuhalten brauchte?

Gefehlt zunächst. Der Affe macht noch einen Fehlversuch, allerdings wieder einen prinzipiell glänzenden. „Er führt das eine Rohr so weit wie möglich hinaus, nimmt darauf das andere und schiebt mit ihm das erste vorsichtig auf das Ziel zu, indem er es, am hinteren Ende langsam stoßend und drängend, sorgfältig in der Richtung auf die Früchte zu hält. Freilich gelingt das nicht immer, aber ist er auf diese Art einigermaßen weit gekommen, dann wird die Vorsicht besonders groß, er schiebt ganz sacht, berücksichtigt recht gut die Bewegungen des liegenden Rohres und bringt dieses wirklich mit der Spitze bis an das Ziel.

131

Abb. 7: Zwei Schilfrohre werden ineinandergeschoben.

Damit ist auf eine Art, die hier zum ersten mal ganz unvermittelt auftritt, der Kontakt Tier -- Ziel hergestellt und Sultan (so heißt der Affe) findet — man kann es auch als Mensch nachfühlen — sichtlich eine gewisse Befriedigung darin, über die Früchte wenigstens insofern Gewalt zu haben, als er sie durch Vermittlung des geschobenen Stockes anstoßen und leicht bewegen kann." Es ist aber doch auch nur eine schlechte Kunst für den hungrigen Magen, eine Tantaluskunst. Denn nun ist er zwar an der Frucht daran, aber heranholen kann er sie nicht, und schließlich verliert er, wenn ihm niemand hilft, auch noch den ganzen einen Stab über der Schieberei.

„Der Versuch hat über eine Stunde gedauert und wird, als in dieser Form aussichtslos, vorläufig abge-

132

brochen. Da die Absicht besteht, ihn nach der Pause unter Anwendung stärkerer Hilfen wieder aufzunehmen, bleibt das Ziel an seinem Platz, Sultan im Besitz seiner Rohre; für alle Fälle wird der Wärter als Wachtposten aufgestellt."

Der Wärter berichtet, nach einer Weile habe der Affe die Rohre wieder aufgenommen und damit anscheinend achtlos gespielt, dabei aber sei ihm plötzlich das eine Rohr mit der Mündung ans andere gekommen, er habe etwas eingedrückt, — das merken, sei er aber auch schon aufgesprungen, ans Gitter und mit dem Doppelrohr auf die Bananen zu (Abb. 7). Das folgende hat wieder Köhler selbst beobachtet. Als er kommt, fallen dem Schimpansen gerade noch einmal seine zunächst nur schlecht ineinander gesteckten Rohre auseinander, aber mit vollendet treffsicherer Ruhe schiebt er sie neu zusammen, bessert noch mehrmals und holt endlich mit festem Anlängestock das Ziel stückweise heran. „Das Verfahren scheint ihm außerordentlich zu gefallen; er macht einen sehr lebhaften Eindruck, zieht alle Früchte nacheinander ans Gitter, ohne sich zum Fressen Zeit zu nehmen, und holt, als ich (Köhler) den Doppelstock noch einmal auseinandernehme, mit den schnell wieder zusammengefügten Rohren ganz gleichgültige Gegenstände aus der Ferne an das Gitter heran." Wenige Tage später ist die Sache schon glatt eingeübt. Der Affe lernt das manchmal unbequem lange Doppelrohr, sobald es seine Fernarbeit getan, im Näherkommen des Ziels sogar selbsttätig wieder zerlegen und den Rest bequemer mit einem erledigen. Einmal so

weit macht es ihm aber auch nicht die geringste
Mühe, drei Rohrstücke genau passend ineinanderzu-
fügen und so eine wahre Riesenstange für immer ent-
ferntere Ziele zu schaffen. Als bei einem einseitig geschlossenen Rohrstück auch in die andere Öffnung
ein Pfropfen gesteckt wird, stößt er ihn nach kurzem
Betrachten einfach aus, um Eingang für sein schmäle-
res Rohrende zu schaffen. Nachdem das „verbesserte
Werkzeug“ des künstlich angelängten Stocks aber
überhaupt einmal Trumpf geworden, wird's auch
beim Kletterstock und Schlagstock verwertet; es funktioniert selber universal.

Noch aber ist die wunderbare Geschichte selbst
nicht zu Ende, ihre glänzendste Steigerung kommt
noch, wieder wird der gleiche Affe Sultan auf den Er-
finderstuhl gesetzt. (Ich gebe den folgenden Bericht
ganz ungekürzt wörtlich, um nicht durch irgendein
auffärbendes Wort die schlichte Wucht der unmittelbaren Niederschrift des Beobachters zu stören.)

*„Außer einem Rohr von weiter Öffnung steht ihm
ein schmales Holzbrett zur Verfügung, das gerade
eben zu breit ist, um in die Öffnung eingeführt zu
werden. — Sultan nimmt das Holzbrett und versucht, es in das Rohr hineinzustecken; das ist kein
Fehler- die verschiedene Form von Holz und Rohr
würde auch den Menschen zwingen, zu probieren, weil das Dickenverhältnis der beiden nicht
einfach anschaulich klar ist; als das nicht gelingt,
beißt er das Rohr an der Mündung auf und bricht
einen langen Splitter seitwärts aus der Wand, of-*

134

fenbar zunächst, weil die Rohrwand dem Eindringen des Holzes im Wege war (,guter Fehler'). Wie aber der Splitter entstanden ist, versucht er sofort diesen in die noch heile Mündung des Rohres einzuführen: eine überraschende Wendung, die zur Lösung führen müsste, wenn nicht auch der Splitter etwas zu breit wäre. Sultan greift wieder zum Holzbrett, bearbeitet aber nunmehr dieses mit den Zähnen, und zwar richtig am einen Ende von den beiden Kanten nach der Mitte zu, sodass die störende Breite verringert wird. Wenn er eine Weile von dem (sehr harten) Holz abgebissen hat, probiert er, ob das Brett nun in die heile Öffnung des Rohres hineinpasst, und arbeitet so weiter — hier muss man von 'wirklichem Arbeiten' sprechen —, bis das Holz etwa 2 Zentimeter tief in die Öffnung hineingeht. Nun will er mit dem zusammengesetzten Werkzeug das Ziel heranholen, aber die 2 Zentimeter genügen nicht, und das Rohr fällt dabei immer wieder von der Spitze des Holzes herunter. — Sultan ist jetzt offenbar des Holzbeißens müde; er spitzt lieber den Rohrsplitter an einem Ende zu und bringt ihn wirklich bald so weit, dass er fest im heilen Rohrende stecken bleibt und der Doppelstock gebrauchsfertig ist."

Tier und Laune mögen besonders günstig gewesen sein. Das Zurechtbeißen eines Holzes kommt auch sonst vor — wie schon länger vom Schimpansen bekannt war und auch auf Teneriffa bestätigt wurde, dass er, wenn kein Schlüssel da, gelegentlich ein Holz so zuspitzt und damit im Schlüsselloch stochert.

Gleichwohl ist die Steigerung in der Werkzeugtechnik für ein nicht instinktiv handelndes Tier und im ganzen Zusammenhang noch einmal eine enorme. Wenn der Affe noch einen Schritt machte: statt mit den Zähnen, mit einem scharfen Stein das Holz spitzte und eventuell noch den Stein selber zu solchem Zweck durch Aufschlagen schürfte — so wäre nach dieser Seite kein prinzipieller Unterschied mehr zwischen unsern Schimpansen und den ältesten Steinzeitmenschen unserer Urkultur.

Und wie verdächtig nah ist man diesen Höhlenmenschen der Diluvialzeit auch sonst, wenn man liest, dass Köhlers Schimpansen sich bei ihren Spielen mit Liebe mit allerhand Lappen und Zweigen behängten und bekränzten, in offenbar gesteigertem Selbstgefühl Metallketten und Schnüre sich um den Hals und über die Ohren hingen, rote Fetzen und glatt geschliffene Steine zwischen Leib und Schenkel wie in einer „Hosentasche" eingeklemmt herumtrugen und aufs Sorgsamste verwahrten, — oder wenn jener Affe Sultan auf Blechbüchsen dumpfe Töne tutete. Wie lange haben wir uns für solche Dinge mit den offenbaren Instinkthandlungen der australischen Laubenvögel, die ihre Hochzeitslauben mit buntem und glänzendem Tand schmücken, behelfen müssen nun macht uns auch das alles das „Menschentier" und ganz anders persönlich vor. Mit Staunen hat uns vom ersten Tag erfüllt, dass jener diluviale Höhlenmensch bereits ein nicht übel farbenfroher Maler gewesen sein sollte, Aber auch die Teneriffaschimpansen, wenn man ihnen weißen Ton gab, befeuchteten ihn sorgsam im Mund, nahmen die Klumpen in die Hand und bestrichen alle Wände und Balken damit gleich unsern Schuljungen, ja den eigenen Leib versuchten sie so zu „bemalen". Noch etwas „gegenständlicheres" Innenleben, wie es zweifellos mit der Sprache beim Urmenschen gekommen ist — und der Schrittlänge nahe genug, dass auch solcher Menschenaffe ein rhythmisches Gebilde anmalte (wie er bereits beim Tanz das Gehen rhythmisch stilisiert) oder ein rohes Tierbild skizzierte.

Vielleicht ist es eben wegen des Rucks, den noch einmal die Sprache selbst zu innerst im Gehirn bedeutete, doch noch ein ungeheurer „kleiner Schritt" gewesen — der Affe soll ja, noch einmal gesagt, auch in unserer Betrachtung noch kein Mensch sein.

Aber ich meine doch, wir sind auch dem wahren Geheimnis der Menschwerdung noch nie so nahe gewesen, als in diesem kleinen Schimpansenparadies von Teneriffa.

Ich resümiere auf unser Hauptziel — gleichsam die seelische Banane, nach der auch wir hier gesprungen sind und geschlagen haben. Wird man zugeben, dass mindestens auch ein Tier, mindestens der Menschenaffe, mindestens der Schimpanse, mindestens diese neun Schimpansen der Teneriffastation bereits innere Wahl und einsichtiges Verhalten von der Art des beim Menschen bekannten gezeigt haben? Und dass sie also auch die letzte oben bezeichnete Stufe erreicht haben? Im alten Bild: dass sie auch als Tier doch bereits jenseits des „Baumes der Erkenntnis" stehen ...?

Oder ist der Schimpanse am Ende gar kein Tier? Ich stelle auch diese letzte „Paradiesfrage" zur Diskussion, vielleicht wird sie zur äußersten Rettung von gewisser Seite noch vorgebracht werden. Aber wirklich retten — nein, ich glaube, liebe Freunde, wirklich retten wird sie die Sache doch nicht mehr ...

Stichwortverzeichnis

BUCHTIPPS

Abrupte Klimaschwankungen seit 2000 Jahren

Lokale und kosmische Ursachen eines Klimawandels. Herausgeber: Sedlacek, Klaus-Dieter (Hrsg.). Innerhalb der letzten zwei Jahrtausende sind verschiedene abrupte Klimaschwankungen nachweisbar. Der fortwährende Wandel des Klimas verzeichnete allein fünf große Klimaepochen und zahlreiche ...

Anleitung zum Roman-Schreiben

Wie man anfängt, einen Plot entwickelt und eine gute Geschichte erzählt. Autor: Wilde, Oliver J. Sie wollen einen Roman schreiben? Das ist toll! Aber begnügen Sie sich nicht damit, nur einen Roman ...

Besseres Gedächtnis

Wie man es stärkt, trainiert und einsetzt. Autor: Atkinson, Wilhelm Walker. Viele Menschen scheinen zu glauben, dass Erinnerungen einfach kommen und nicht gefördert werden können. Aber der Trugschluss einer solchen Vorstellung wird ...

Der erdgeschichtliche Klimawandel

Den wahren Ursachen von Klimaschwankungen auf der Spur. Autor: Wilhelm Bölsche , Klaus-Dieter Sedlacek (Hrsg.). Der Klimazustand während der letzten Jahrhunderttausende ist im Wesentlichen auf den Einfluss von Sonneneinstrahlung zurückzuführen, die ...

Der verborgene Mechanismus des Weltgeschehens

Der verborgene Mechanismus des Weltgeschehens Neue Erkenntnisse über die Gestalten biotechnischer Systeme der Welt Autoren: Sedlacek, Klaus-Dieter; Francé, Raoul H. Seit Jahrtausenden ist die Menschheit bestrebt, die Welt, in der sie lebt, erkennen ...

Die geheimnisvolle Kultur der alten Kelten

Von Druiden, Fürstensitzen und der Lebensart unserer frühgeschichtlichen Vorfahren. Autor: Grupp, Georg Die Kelten zeichneten sich aus durch hohes handwerkliches Können, Handelsbeziehungen bis in den Süden Europas und tollkühnem Mut, der den ...

Die Kultur der Azteken

Mit einem Anhang Große Landesausstellung Baden-Württemberg „Azteken" im Lindenmuseum. Autor: Prescott, William. „Von dem ganzen ausgedehnten Reich, das einst die Herrschaft Spaniens in der Neuen Welt anerkannte, ist kein Teil an Wichtigkeit ...

Die letzten Ursachen

Das Buch der Naturerkenntnis. Hrsg.: Sedlacek, Klaus-Dieter. Die klassischen physikalischen Theorien, zum Beispiel die klassische Mechanik oder die Elektrodynamik, haben eine klare Interpretation. Den Symbolen der Theorie wie Ort, Geschwindigkeit, Kraft beziehungsweise ...

Durchblick Chemie

Praktische Grundlagen und Einführung in die anorganische, organische und Biochemie Klaus-Dieter Sedlacek, Lassar Cohn, Walther Löb Wollen Sie in unserer modernen Welt mitreden? Dann brauchen Sie den Durchblick! Dazu gehören auch Grundkenntnisse ...

Einfach logisch denken!

Oder die Gesetze des Denkens. Autor: Atkinson, Wilhelm Walker In diesem Buch werden die Methoden und Prinzipien der korrekten Anwendung des Denkvermögens aufgezeigt, und zwar auf eine einfache und klare Weise, ohne ...

Einsteins Relativitätstheorie ganz ohne Mathematik

Spezielle und allgemeine Relativitätstheorie Paul Kirchberger , Klaus-Dieter Sedlacek (Hrsg.) Man wird nicht selten gefragt, ob man eine Schrift wisse, die in die Einsteinsche Theorie für Laien so einführen könne, dass ...

Epigenetik-Experimente

Neuvererbung oder Beweise für die Vererbung erworbener Eigenschaften? Autor: Kammerer, Paul Der Biologe Paul Kammerer wurde durch seine Aufsehen erregenden Experimente zur Epigenetik berühmt. In einer seiner Versuchsserien verwendete er zwei Arten ...

Freizeitvergnügen Sternenhimmel mit bloßem Auge

Wie man Sternbilder auffindet ohne Instrumente. Autor: Kirchberger, Paul. Der Anblick des gestirnten Himmels ist das Größte, das uns die Natur zu bieten vermag, und kein empfängliches Gemüt kann sich seinem Eindruck ...

Gestalt-Psychologie

Einführung in die neue Psychologie vom Begründer der Gestaltpsychologie Kurt Koffka , Klaus-Dieter Sedlacek (Hrsg.) Kurt Koffka hat als forschender Psychologe für dieses Buch zur Einführung in die Psychologie einen besonderen ...

Im dunkelsten Afrika

Die legendäre Emin-Pascha Expedition. Autor: Stanley, Henry M. Im Sudan, der ab 1821 unter die Herrschaft der osmanischen Vizekönige von Ägypten gekommen war, brach 1881 der Mahdiaufstand aus. Nach dem Abzug der ...

Klimaänderungen und Klimaschwankungen

Ursachen, historische Fakten und kosmische Einflüsse, sowie ein Anhang „Mittelalterliche Warmzeit" Eduard Brückner, Julius Hann , Klaus-Dieter Sedlacek (Hrsg.) Größere Klimaänderung und Klimaschwankungen können nicht ohne einen tiefgehenden Einfluss auf das ...

Kultur erleben mit dem Wohnmobil in Frankreich

Vierzig kulturelle Highlights, Park- und Übernachtungsplätze sowie Navigations-Koordinaten Klaus-Dieter Sedlacek (Hrsg.) Dieser Wohnmobilführer ist anders. Er hilft uns, Kulturerlebnisse zu einem Genuss werden zu lassen. Er enthält die Beschreibung von vierzig kulturellen ...

Leben in der Warmzeit der Erde

Aus den Urtagen vor dem heutigen Klimawandel Wilhelm Bölsche , Klaus-Dieter Sedlacek (Hrsg.) Der Weltklimarat schlägt Alarm. Die Lage spitzt sich zu: Die Erde erwärmt sich immer mehr. In diesem Buch geht ...

Leonardo da Vinci

Seine naturwissenschaftlichen Studien und genialen Erfindungen Hermann Grothe , Klaus-Dieter Sedlacek (Hrsg.) Leonardo da Vinci versuchte, ein Phänomen zu verstehen, indem er es genau beobachtete und bis ins kleinste Detail beschrieb ...

Liebesbeziehungen und deren Störungen

Lebensführung nach den Grundsätzen der Individualpsychologie. Autor: Alfred Adler , Klaus-Dieter Sedlacek (Hrsg.). Um einen Menschen ganz kennenzulernen, ist es notwendig, ihn auch in seinen Liebesbeziehungen zu verstehen ... Wir müssen ...

Massenpsychologie am Beispiel Jan Bockelsons

Geschichte eines Massenwahns mit einer Einführung von Sigmund Freud Friedrich Reck-Malleczewen , Klaus-Dieter Sedlacek (Hrsg.) Der Begriff Massenhysterie oder auch Massenwahn bezeichnet eine starke emotionale Erregung in großen Menschenmengen. Auch massenhaft ...

Meine erste Weltumseglung

Tagebuch einer epochalen Expedition James Cook , Klaus-Dieter Sedlacek (Hrsg.) James Cook unternahm seine erste Weltumseglung im Rahmen einer wissenschaftlichen Expedition, um den Durchgang des Planeten Venus vor der Sonnenscheibe – ...

Mit der Beagle um die Welt

Bericht meiner Forschungsreise zum Galapagos-Archipel Charles Darwin , Klaus-Dieter Sedlacek (Hrsg.) Auszug aus Darwins Reisebericht: Ich habe die Reise mit zu tief empfundenem Entzücken gemacht, als dass ich nicht jedem Naturforscher empfehlen ...

Peking – Paris im Automobil

Die legendäre 16.000 km – Rallye 1907. Autor: Barzini, Luigi. „Gibt es jemanden, der diesen Sommer eine Fahrt per Automobil von Peking nach Paris unternehmen wird?", fragte die Pariser Zeitung Le Matin ...

The great god Pan / Der große Gott Pan – zweisprachig

Horror story English – German / Horror Geschichte Englisch – Deutsch. Autor: Machen, Arthur. The Great God Pan is a horror and fantasy novel by the Welsh writer Arthur Machen. Machen was ...

Treibhauseffekt und Klimawandel

Energiewende, ja bitte, aber nicht wegen CO2. Von Sedlacek, Klaus-Dieter (Hrsg.) Dieses Buch dokumentiert zum Thema Klimawandel und CO2 teils unbequeme wissenschaftliche Fakten bzw. Meldungen und die dazugehörigen Quellen. Sie sind eingeladen, ...

Unsterbliches Bewusstsein

Raumzeit-Phänomene, Beweise und Visionen – Taschenbuchausgabe Klaus-Dieter Sedlacek In diesem Buch geht es weder um Glauben noch um Esoterik, sondern um Beweise. Glaubwürdige, wissenschaftliche Beweise, die in eine Form gepackt sind, dass ...

Wege zur Physikalischen Erkenntnis

Meine wissenschaftliche Selbstbiographie, Reden und Vorträge Max Planck , Klaus-Dieter Sedlacek (Hrsg.) Diese erweiterte Neuauflage des Buchs „Wege zur physikalischen Erkenntnis" enthält neben der wissenschaftlichen Selbstbiographie folgende Vorträge: Die Einheit des physikalischen ...

Wie intelligent sind Pflanzen?

Sensationelle Einblicke in die geheime Seite des pflanzlichen Wesens Autoren: Wagner, Adolf; Sedlacek, Klaus-Dieter In diesem Buch behandeln die Autoren Fragen zum Thema Intelligenz und Bewusstsein bei Pflanzen und geben Antworten. Der ...

Wie man seinen Verstand benutzt

Und seine Willenskraft stärkt. Ein praktisches Handbuch der Psychologie. Autor: Atkinson, Wilhelm Walker. Der Mechanismus der psychischen Zustände – die geistige Maschinerie, mit deren Hilfe wir fühlen, denken und wollen – ...